一本书读懂AIGC

探索AI商业化新时代

薛达　韦艳宜　伏达　应泽峰　编著

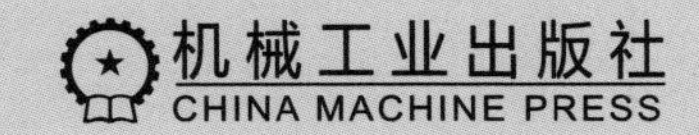

本书是一本技术科普图书，详细解读了当前AI应用领域中最具热度、前景无限的AIGC内容自动生成技术，介绍了AIGC的基本概念、价值、产生与发展的脉络，以及实现AIGC所需的条件，重点解析了AIGC的核心技术（NLP、深度学习、大模型、硬件资源、大数据、训练方法等）。在AIGC的应用层面，介绍了ChatGPT、Midjourney、voice.ai这三款现象级应用，以及AIGC在游戏、影视、广告、元宇宙，以及其他行业中的应用价值。最后两章特别介绍了AIGC产业生态圈，以及对AIGC这项技术本身的思考。

本书适合对AI技术感兴趣的广大读者、AI技术开发者及AIGC赛道的投资者阅读。

图书在版编目（CIP）数据

一本书读懂AIGC：探索AI商业化新时代／薛达等编著. —北京：机械工业出版社，2024.1

ISBN 978-7-111-74417-7

Ⅰ.①一…　Ⅱ.①薛…　Ⅲ.①人工智能-普及读物　Ⅳ.①TP18-49

中国国家版本馆CIP数据核字（2023）第235962号

机械工业出版社（北京市百万庄大街22号　邮政编码100037）
策划编辑：王　斌　　　　　　　　责任编辑：王　斌　解　芳
责任校对：王乐廷　薄萌钰　韩雪清　　责任印制：郜　敏
中煤（北京）印务有限公司印刷
2024年2月第1版第1次印刷
169mm×239mm · 12.25印张 · 1插页 · 135千字
标准书号：ISBN 978-7-111-74417-7
定价：79.90元

电话服务　　　　　　　　　　网络服务
客服电话：010-88361066　机　工　官　网：www.cmpbook.com
　　　　　010-88379833　机　工　官　博：weibo.com/cmp1952
　　　　　010-68326294　金　书　网：www.golden-book.com
封底无防伪标均为盗版　　机工教育服务网：www.cmpedu.com

前言

FOREWORD

2022年被称为"AIGC元年"。AIGC（AI Generated Content）即人工智能生成内容，是指通过机器学习、自然语言处理等技术来理解和生成文本、图像、视频、音频等内容的新型内容生产方式。AIGC的技术发展速度惊人，迭代速度更是呈现指数级发展，这其中深度学习模型的不断完善、开源模式的推动、大模型商业化的探索，都在助力AIGC的快速发展。超级聊天机器人——ChatGPT的出现，拉开了智能创作时代的序幕。

随着AIGC技术的不断发展和应用，更多普惠的AI生产力平台将以更低的门槛造福于有创造力和想象力的人群，人们可以更好地利用AIGC技术来提高工作效率、拓展信息获取和娱乐方式、改善众多行业领域的服务质量、提高工作效率。

本书从AIGC的概念和核心技术出发，系统介绍了AIGC的基本概念、价值、产生与发展的脉络，以及实现AIGC所需的条件，重点解析了AIGC的核心技术——大模型、硬件资源及大数据和训练方法。在AIGC的应用层面，重点介绍了ChatGPT这一现象级的AIGC

应用，Midjourney——解放设计师的 AI 自动绘画应用，以及 voice. ai——提供 1000 种 AI 语音应用的使用场景以及无可限量的未来展望。AIGC+产业这部分内容，介绍了 AIGC 为游戏、影视、广告、元宇宙以及其他产业赋能的意义和面临的挑战，以诸多鲜活的案例展示 AIGC 与这些产业的结合带来的无限想象力。当然，AIGC 这样的“新物种”也面临着机遇和挑战，本书在最后两章中重点介绍了 AIGC 的生态圈以及在生产和生活等诸多方面“AIGC 会带给我们什么”的“冷思考”。本书集理论与实际相结合，特别突出了实践和案例特色，能够很好地满足对 AI 技术感兴趣的广大读者、AI 技术爱好者、开发者、AIGC 赛道的投资者的需求。

全书共八章。第一章介绍了 AIGC 概念、价值、产生与发展的脉络以及实现 AIGC 所需的条件，第二章介绍了 AIGC 的核心技术，第三章介绍了 AIGC 现象级的应用——ChatGPT，第四章介绍了 AIGC 想象级应用——Midjourney，第五章介绍了 AIGC 另一个超级应用——能提供 1000 种 AI 语音的 voice. ai。第六章介绍了 AIGC+诸多产业，全面赋能创意产业，第七章介绍了 AIGC 上中下游生态圈，第八章思考 AIGC 会带给我们什么。

在人工智能发展的漫长历程中，如何让机器学会创作，一直被视为难以逾越的天堑，“创造力”也因此被视为人类与机器最本质的区别之一。然而，人类的创造力也终将赋予机器创造力，把世界送入智能创作的新时代。从机器学习到智能创造，从 PGC、UGC 到 AIGC，我们即将见证一场深刻的生产力变革，而这种变革也会影响我们工作与生活的方方面面。

与此同时，我们也需要正视 AIGC 技术发展所带来的一些风险和挑战，探索如何更好地利用 AIGC 技术服务社会、造福人类，推动 AIGC 技术的健康和可持续发展。

本书撰写分工如下：薛达负责撰写第一、二、三、四、五章，伏达负责撰写第六章，应泽峰负责撰写第七章，韦艳宜负责撰写第八章。在本书写作过程中，黄甜、永石等亦对本书的内容做了贡献。特别感谢机械工业出版社的王斌等为本书能够顺利出版而辛勤工作的编辑们，同时，也向所有帮助过我们的人致以最诚挚的谢意。

薛　达

2023. 10

目录

CONTENTS

第一章
什么是 AIGC

AIGC 是指利用人工智能技术来生成内容的一种新型内容生产方式，包括但不限于文本、图片、视频、音频的生成等领域，具有广泛的应用前景。AIGC 也被认为是继 UGC、PGC 之后的新型内容生产方式。对 AIGC 来说，2022 年被认为是其发展速度惊人的一年。

1.1 AIGC 的概念——人工智能生成内容

AIGC（AI Generated Content）即人工智能生成内容，是指通过机器学习、自然语言处理等技术来理解和生成文本、图像、视频、音频等内容的新型内容生产方式。

从生成内容的形式来看，AIGC 可以分为两类：基于自然语言处理的文本生成和基于深度学习模型的图像生成。

其中，基于自然语言处理的文本生成技术已经相对成熟，例如：OpenAI 开发的 ChatGPT，它可以进行自然对话和创作，可以回答各种问题、提供建议和信息、创作诗歌和小说，甚至可以实现程序编写。

而基于深度学习模型的图像生成技术也在不断发展，例如：百度推出的 AI 作画产品“文心一格”，它是依托于飞桨、文心大模型的技术创新，为大家提供了艺术创作的无限可能，只需输入文字描述，就能快速生成各种风格的精美画作。

从应用场景来看，AIGC 的应用非常广泛，包括但不限于文本、图片、视频、音频的生成等领域。未来可能会应用于更多的领域，例如：虚拟个人助手、智能客服、电子商务推荐等。随着人工智能技术的不断发展，AIGC 的生成效率和质量也将不断提升，为用户带来更加丰富和有价值的内容。

1.2 AIGC 的价值——解放生产力

AIGC 在解放生产力方面带来了极大的价值。首先，它可以节省人力资源，减少传统内容制作的时间和成本。相对于人工创作，使用 AIGC 可以快速生成大量的高质量内容，且不受时间和人力限制。其次，AIGC 可以提高内容的质量和精准度。通过对大量数据的学习和分析，AI 可以自动识别关键信息和主题，并生成更为准确和适用的内容。最后，AIGC 还可以带来个性化的用户体验。通过 AI 技术可以自动生成根据用户需求定制的内容，满足用户的个性化需要。

总之，AIGC 在解放生产力方面的价值在于提高效率、质量和个性化服务的能力，将在未来越来越广泛地应用于各行各业。

1.2.1 互联网内容生成方式的变革

互联网内容生成方式经历了从 PGC 到 UGC，再到现在的 AIGC 的三个阶段。

互联网内容生成方式的变革始于 PGC（专业生产内容）时代。这种模式下，专业内容生产者通过制作视频、文章等内容来获得收益。随着技术的发展和市场的需求，UGC（用户生产内容）成为一种更加普遍的形式。这种模式下，用户可以通过分享自己的经验、创意、照片、视频等来获取收益。AIGC 则是将人工智能与内容生成相结合的产物。在这种模式下，个人或者企业使用 AI 算法来批量生产符合需求的产品，如文本、图片、视频、音频等。并且 AIGC 的到来，也带来了内容生成上的变革式突破升级，AIGC 效率高、质量稳定、成本极低、创作主题多样化、内容形式多样化，是未来内容生成的重要趋势。

从 PGC 到 UGC 再到 AIGC，内容生成方式在不断地发展和演进。这种变化的原因是因为用户需求在变化，技术也在不断进步。PGC 模式下，专业内容生产者需要有足够的技能和知识才能创作出优质的内容；UGC 模式下，用户需要有一定的技能和创造力才能制作出有价值的内容；而 AIGC 模式下，人们可以使用人工智能算法来生成有创意、有价值的内容，并且利用不同的算法模型，可以大大降低生成内容的成本及门槛，同时提高生成内容的数量及质量，在 AIGC 时代，优质的内容将井喷式爆发。

未来，AIGC 模式下的内容生成会越来越普及。AIGC 作为一种新兴的内容生成方式，已经引起了广泛的关注和探讨，并在一些领域取得了一定的成果。例如，一些公司和机构已经开始使用 AIGC 技术生成高质量的图片、视频等内容，并应用于广告、营销等领域。同时，随着技术的不断发展和完善，AIGC 的应用前景也越来越广阔，有望成为人工智能领域的重要商业新边界。

1.2.2 提供更好的人机互动方式

AIGC 可以通过多种方式与人进行互动，以下是一些人机互动方式。

文字互动：AIGC 可以通过生成文本内容与用户进行文字互动。例如，在聊天机器人、智能助手、客服系统等应用中，AI 生成的文本可以作为回应用户输入的方式，进行实时的文字互动。

语音互动：AIGC 可以通过生成语音内容与用户进行语音互动。例如，在语音助手、语音聊天机器人、虚拟语音角色等应用中，AI 生成的语音可以用于回应用户的语音输入或提供语音导航。

视觉互动：AIGC 可以通过生成图像、视频等视觉内容与用户进行互动。例如，在虚拟角色、虚拟现实、游戏等应用中，AI 生成的图像和视频可以用于虚拟角色的表情、动作、场景等，与用户进行视觉上的互动。

交互式虚拟角色：AIGC 可以生成交互式虚拟角色，与用户进行真实的对话和互动。可以在虚拟现实、游戏、在线教育等领域中应用，使用户能够与虚拟角色进行更加自然和丰富的互动。

情感化互动：AIGC 可以通过情感和情绪识别技术，生成情感化的内容，与用户进行情感化的互动。例如，在情感识别、情感表达、情感交流等应用中，AI 生成的内容可以带有情感色彩，与用户进行情感上的互动。

创意和创新助手：AIGC 可以作为创作助手，帮助用户生成创意和创新的内容，并与用户进行反馈和互动。例如，在设计、艺术和创意产业中，AI 生成的内容可以作为灵感和创作方向，与用户进行创意和创新的互动。

这些方式只是 AIGC 人机互动的一些例子，随着技术的不断发展和应用场景的不断拓展，将会有更多的创新方式出现，为人机交互带来更加丰富和多样化的体验。

1.2.3　为个人提供更好的学习资源

AIGC 作为一种创新的学习资源，为个人提供了更丰富、便捷、个性化的学习体验。通过利用人工智能技术，AIGC 可以根据个体的学习兴趣、学科需求、学习风格等个性化因素，生成定制化的学习内容，为学生、自学者、在线学习者等提供更好的学习资源。例如，AI 生成的在线教学视频、互动式学习工具、自适应学习材料等，能够根据学生的学习进度和掌握情况自动调整内容，提供个性化的学习路径和反馈，从而帮助个人更加高效地学习和掌握知识。此外，AIGC 还可以通过智能辅导和答疑功能，为个人提供即时的学习支持和解答，帮助个人克服学习难点，提升学习效果。

1.2.4　大幅降低成本、提升效率

AIGC 的兴起在很大程度上降低了内容创作的成本，并提高了效

率。通过使用人工智能技术生成内容，创作者和企业能够节省时间、人力和资源，并以更加高效的方式进行创作和发布。

首先，AIGC 可以大幅度降低内容创作的成本。传统的内容创作过程可能需要耗费大量的时间和人力，例如：撰写文章、设计图像、录制音频或视频等。而通过使用 AI 生成的内容，创作者可以在短时间内生成大量的内容，从而显著降低了创作成本。例如，在广告和营销领域，使用 AI 生成的广告文案和图像可以替代传统的人工撰写和设计过程，从而大幅度降低了广告制作的成本，并且在短时间内能够生成多个版本的广告内容，提高了广告创作的效率。

其次，AIGC 能够提高内容创作的效率。通过使用 AI 生成的内容，创作者可以在较短的时间内生成大量的内容，并且可以根据需求轻松地进行修改和调整。这大大提高了创作的效率，使创作者能够在更短的时间内完成更多的工作。例如，在社交媒体领域，使用 AI 生成的内容可以自动化生成大量的社交媒体帖子、推文、图片和视频，从而提高了社交媒体运营的效率。

此外，AIGC 还可以在一些需要大量重复性内容的场景中发挥作用，例如：产品描述、报告、文章总结等。通过使用 AI 生成的内容，可以减轻人工撰写大量重复性内容的负担，从而提高效率，节省创作者的时间和精力，让他们专注于创作更具创意和高附加值的内容。

AIGC 的兴起为内容创作提供了更加高效和经济的方式，大幅度降低了成本，并提高了创作的效率。随着人工智能技术的不断发展和应用，AIGC 有望在未来继续推动内容创作领域的创新和发展。

1.3　AIGC 的产生与发展

1.3.1　AIGC 的前身：PGC 和 UGC

1. PGC

PGC，全称为 Professional Generated Content，指专业生产内容。用来泛指内容个性化、视角多元化、传播民主化、社会关系虚拟化，也称为 PPC（Professionally-produced Content）。经由传统广电业者按照几乎与电视节目无异的方式进行制作，但在内容的传播层面，却必须按照互联网的传播特性进行调整。

PGC 是指由专业的创作者或生产团队创作、生产和发布的内容。这种内容通常具有较高的质量、专业性和专业知识，并且旨在满足特定的目标受众的需求。PGC 通常涵盖各种不同的媒体类型，如文章、博客、新闻报道、视频、音频、图片和社交媒体内容等。

PGC 的特点包括。

专业性：PGC 通常由具有专业知识、经验和技能的专业创作者或创作团队创建，其内容通常经过严格的策划、编辑和制作过程，以确保其质量和可靠性。

高质量：PGC 通常以高质量的标准创作和生产，包括内容的准确性、深度、完整性和专业性。PGC 的目标是提供有价值、有深度和有洞察力的内容，以满足受众的需求。

目标受众：PGC 通常旨在满足特定的目标受众需求，例如特定行业、领域、兴趣群体或市场细分。PGC 的创作者通常会针对其目标受众的兴趣、需求和偏好进行创作，以提供定制化的内容。

多媒体：PGC 可以包括多种媒体类型，例如文本、图片、视频、音频等，以满足不同受众对多样化媒体的需求。

总的来说，PGC 通常在专业媒体、在线内容平台、企业网站、社交媒体和其他在线渠道上发布和分发。PGC 在各种领域中都有应用，包括新闻、科技、商业、医疗、教育、文化和娱乐等。

2. UGC

UGC，全称为 User Generated Content，也就是用户生成内容，即用户原创内容。UGC 的概念最早起源于互联网领域，即用户将自己原创的内容通过互联网平台进行展示或者提供给其他用户。UGC 是伴随着以提倡个性化为主要特点的 Web2.0 概念而兴起的，也可叫作 UCC（User-created Content）。它并不是某一种具体的业务，而是一种用户使用互联网的新方式，即由原来的以下载内容为主变成内容下载和上传并重。

UGC 是指由普通用户或消费者创作的内容。UGC 通常包括用户在社交媒体、在线社区、博客、评论区等平台上创建和分享的文本、图像、视频、音频等形式的内容。

UGC 的特点是其创作者是普通用户或消费者，而非专业的创作者或团队。UGC 通常是基于用户个人的兴趣、经验、见解或创意而创作的，不受专业创作的限制，充分体现了用户的个性和多样性。UGC 的内容通常是原创的、真实的、情感化的，能够与其他用户互动和分享。

UGC 在互联网时代得到了广泛的应用，尤其在社交媒体平台上，用户可以通过发布自己的照片、视频、评论、分享等方式来创建 UGC。UGC 对用户和社交媒体平台都有一定的益处，用户可以通过 UGC 表达自己的观点、分享经验和与其他用户互动，而社交媒体平台可以通过吸引用户生成 UGC 来增加用户黏性和社交互动。

总的来说，UGC 是由普通用户或消费者创作的内容，具有用户个性化和多样性的特点，广泛应用于社交媒体和在线社区等平台。

1.3.2 AIGC 概念的提出

AIGC 的概念提出可以追溯到人工智能技术的发展和应用。随着深度学习、生成对抗网络（GANs）、自然语言处理、计算机视觉等人工智能技术的不断发展和成熟，AIGC 逐渐成为一个研究和应用的热点。

AIGC 概念的提出主要源于对人工智能技术在内容创作领域的应用和潜在影响的关注。人工智能技术在生成文本、图像、音频、视频等形式的内容方面表现出了越来越强大的能力。例如，使用自然语言处理技术可以生成文章、新闻报道，使用图像生成技术可以生成图像和设计元素，使用语音合成技术可以生成音频内容等。这些技术的发展和应用，为 AIGC 的概念提出提供了技术基础。

同时，随着内容需求的不断增加和内容生产的压力日益增大，AIGC 作为自动化生成内容的工具也逐渐引起了关注。通过利用人工智能技术，AIGC 可以自动化生成大量内容，提高内容生产的效率和速度，为企业、机构和个人提供了新的内容生产方式。

此外，AIGC 作为创意生成工具的概念也逐渐崭露头角。通过使用生成对抗网络（GANs）等技术，AIGC 可以生成艺术作品、设计元素、音乐等，作为创作者的灵感来源和创意生成工具，为创作过程带来了新的可能性。

总的来说，AIGC 的概念是随着人工智能技术的不断发展而提出的，具有广泛的应用前景并引发了一系列的讨论。

1.3.3 AIGC 的兴起

AIGC 的兴起源自人工智能技术的不断发展和应用。以下是 AIGC 兴起的一些主要因素。

深度学习技术的突破：深度学习是一种人工神经网络模型，它具有强大的模式识别和生成能力。随着深度学习技术的不断突破，尤其是**生成对抗网络（GANs）**的出现，使得人工智能系统能够更加复杂和高质量地生成各种形式的内容，如图像、文字、音频等。

大数据的普及：随着互联网和数字化媒体的普及，大量的数据被收集和存储。这些大数据为人工智能系统提供了丰富的学习和训练资源，使得 AIGC 能够基于大规模数据进行学习和生成，从而提高了生成内容的质量和多样性。

数字媒体和互联网应用的需求：在数字媒体和互联网应用中，如广告、社交媒体、电商等，对大量高质量、个性化和定制化的内容需求不断增加。AIGC 能够通过自动化生成大量内容，提高生产效率、降低成本，并满足不同用户的个性化需求。

创新和实验性的尝试：艺术家、科学家和创意从业者们对于人工智能技术的创新和实验性尝试也推动了 AIGC 的兴起。通过使用人工智能生成内容，他们能够探索新的创作方式、拓展艺术和创意的边界，并创造出独特的作品。

商业化和市场化的推动：随着人工智能技术的商业化和市场化进程，越来越多的企业和机构开始将 AIGC 应用于商业和市场活动中。这些企业和机构看中了 AIGC 在提高生产效率、降低成本、实现个性化定制等方面的潜在优势，从而推动了 AIGC 的兴起。

如今，AIGC 正在编织下一代互联网的故事，将成为数字经济和 Web3.0 的新能量。随着人工智能技术的不断发展和应用，AIGC 有望在未来继续推动创作和互动的创新，为各行各业带来更加丰富和多样化的内容体验。

1.4 实现 AIGC 所需要的三个条件

1.4.1 海量的数据与模型：AI 学习的基础

实现 AIGC 的条件之一是需要具备海量的数据和有效的模型。

海量的数据是训练 AI 模型的基础，它可以帮助模型更好地理解语言、图像、音频等内容，从而生成更具质量和创意的内容。同时，有效的模型是实现 AIGC 的关键，它需要具备强大的算法和技术，能够处理复杂的数据并生成高质量的内容。

海量的数据对于训练 AI 模型至关重要。通过大量的数据，AI 模型可以学习到更多的模式、规律和趋势，从而更好地理解内容生成的要求和特点。例如，对于自然语言生成，海量的文本数据可以帮助模型学习到丰富的语法、词汇和语义信息，从而生成更加准确和自然的文本内容。对于图像生成，海量的图像数据可以帮助模型学习到丰富的视觉特征和图像样式，从而生成更具艺术性和创意性的图像内容。对于音频生成，海量的音频数据可以帮助模型学习到丰富的音频特征和声音样式，从而生成更具音乐性和情感性的音频内容。

有效的模型是实现 AIGC 的关键。模型需要具备强大的算法和技术，能够处理复杂的数据并生成高质量的内容。不同类型的 AIGC 需要不同类型的模型，如循环神经网络（RNN）、生成对抗网络（GAN）、转换器（Transformer）等。这些模型需要通过大量的数据进行训练和优化，以获得更好的生成效果和更高的生成质量。循环神经网络 RNN 模型如图 1-1 所示。

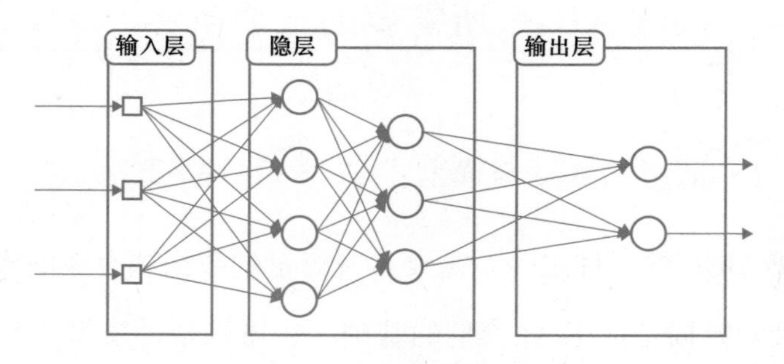

图 1-1　循环神经网络 RNN 模型图

此外，为了实现 AIGC，还需要具备有效的模型训练和优化技术，包括数据预处理、模型架构设计、超参数调优、模型评估等。同时，对生成内容进行监督和调整的机制也是重要的，以确保生成的内容符合预期的质量、风格和需求。

在实现 AIGC 时，数据和模型相互促进。大量的数据为模型提供了充足的训练样本，从而提高了模型的学习能力和生成能力。而高效的模型又可以更好地利用海量的数据，提取其中的特征和模式，从而生成更高质量和创意的内容。

1.4.2　强大的算力：AI 学习的引擎

实现 AIGC 的条件之一是作为"AI 学习的引擎：强大的算力"。强大的计算能力对于训练和生成高质量的 AI 内容至关重要，因为 AI 生成内容通常需要复杂的计算和处理。

在 AI 生成内容的过程中，训练模型需要大量的计算资源。深度学习模型通常具有大量的参数和复杂的计算，需要在大规模的数据集上进行反复的训练和优化。这需要强大的计算能力，包括高性能的计算硬件（如 GPU、TPU 等）和高效的分布式计算系统，以加速模型的训练过程。只有具备足够的算力，才能够在合理的时间内完成模型的训练，并达到高质量的生成效果。计算能力不足可能导致训练时间过长，甚至无法完成模型的训练，从而影响到生成内容的质量和效率。

同时，生成 AI 内容本身也需要大量的计算资源。例如，生成高分辨率图像、视频、音频等复杂内容通常需要大量的计算能力来处理和合成。生成的过程中可能涉及图像处理、音频处理、语言处理等复杂的计算任务，需要高性能的硬件和算法来实现高质量的生成结果。如果计算能力不足，生成的内容可能会出现质量低下、模糊、噪声等问题，影响到用户体验。

强大的计算能力还可以促进 AI 生成内容的创新和多样性。通过更大规模的计算能力，AI 模型可以进行更深入的探索和实验，生成更具创意和多样性的内容。这对于推动内容创作和创新具有积极的促进作用。算力不足可能会限制模型的探索空间，导致生成的内容相对单一和缺乏创新。

因此，强大的算力是实现 AIGC 的条件之一，它对于训练高质量的模型、生成复杂的内容以及推动内容创新和多样性都具有重要作用。拥有足够的计算资源可以提供更好的生成效果、提高生成效率，并推动 AI 生成内容领域的发展和创新。

1.4.3 成熟高效的算法：AI 学习的逻辑

实现 AIGC 需要成熟高效的算法，因为算法是决定模型生成内容质量、效率和可控性的关键因素。

首先，成熟高效的算法可以帮助模型更好地理解和处理海量的数据。AIGC 通常需要在大规模的数据集上进行训练，以学习到有效的模式和规律。成熟的算法能够更好地从大数据中提取有用的信息，并将其应用于生成内容的过程中。高效的算法可以在较短的时间内完成训练和生成任务，从而提高生成内容的效率。

其次，成熟高效的算法可以帮助模型生成更高质量的内容。随着深度学习和生成模型的不断发展，越来越多的先进算法被应用于 AIGC 中，例如 GAN（生成对抗网络）、Transformer 等。这些算法可以生成更真实、更具创意和多样性的内容，提升用户体验。成熟的算法还可以帮助模型处理不同类型的内容，例如图像、音频、视频、文本等，从而丰富生成内容的种类和形式。

此外，成熟高效的算法还可以提高 AIGC 的可控性和可解释性。

生成内容的可控性是指模型可以通过调整参数或者引入先验知识来控制生成结果的特定属性，例如颜色、风格、情感等。成熟的算法可以提供更多的控制机制，使得生成的内容更符合用户的需求和期望。同时，可解释的算法可以帮助用户理解模型生成内容的过程和原理，提高用户对生成内容的信任和接受度。

因此，作为“AI 学习的逻辑”，成熟高效的算法对于实现 AIGC 至关重要。它可以帮助模型更好地处理数据、生成高质量的内容、提高生成效率，同时也增加了生成内容的可控性和可解释性，从而推动 AIGC 领域的发展和应用。

第二章
AIGC 的核心技术

在第一章中，我们谈到，AIGC 是指由人工智能系统通过学习和生成算法，自动创作和生成的内容，包括但不限于文章、图片、音乐、视频、设计等。通过基于大量数据和先进的机器学习技术，AIGC 可以生成具有高度创意和表现力的内容，为人们的创作和生产活动带来了前所未有的便利和可能性。

然而，AIGC 是如何具备这样的创作能力的呢？在本章中，我们将深入探讨 AIGC 的核心技术，包括其基础和关键的技术要素，以及其在内容生成过程中的应用和作用。我们将从技术角度解析 AIGC 的运作机制，探讨其在生成各类内容时的原理和方法，同时也会探讨其在现实应用中的优势和局限性。通过深入了解 AIGC 的核心技术，我们可以更好地理解其在当今数字时代的重要性和潜在的应用前景，也能更好地把握其在未来可能带来的机遇和挑战。

2.1 NLP：AIGC 的理论基础

AIGC 作为一种新兴的技术和应用领域，其理论基础之一是自然语言处理（NLP）。NLP 是一门研究如何使计算机能够理解、处理和生成人类自然语言的学科。它涵盖了从基础的文本处理、语言模型到高级的语义理解、情感分析、机器翻译、问答系统等多个领域。

NLP 作为 AIGC 的理论基础，主要包含以下几个方面的内容。

文本处理：NLP 提供了处理文本数据的基本工具和技术，例如分词、词性标注、命名实体识别、句法分析等，这些技术为生成内容的输入数据进行预处理和解析提供了基础。

语言模型：NLP 中的语言模型是用于理解和生成语言的基础模型。语言模型可以通过学习大量的文本数据，掌握语言的规律和结构，从而能够生成合理的文本内容。

语义理解：NLP 的语义理解技术可以帮助模型理解文本的语义信息，包括词义、句义、篇章结构等。这对于生成内容的语义准确性和一致性至关重要。

文本生成：NLP 的文本生成技术包括了从基础的文本合成、摘要生成到高级的文本创作、对话生成等。这些技术为生成各种类型的内容，如文章、新闻、评论、对话等提供了支持。

情感分析：NLP 的情感分析技术可以帮助模型理解文本中的情感信息，包括情感分类、情感极性等。这对于生成情感化的内容、如广告、评论、社交媒体内容等，具有重要意义。

传统情感分析的方法是使用词典来确定情绪，这需要手工设计来捕捉情绪特征，所以非常耗时且不可扩展。随着技术的发展，深度学习方法可用于情感分析中的形态学、语法和逻辑语义分析，其中最有效的是循环神经网络（RNN）。RNN 可以让隐藏层的神经元相互交流，将上一个输出结果以信息方式储存在隐藏层，在对由输入层输入的下一个输入内容（单词）进行翻译时，上一个输出结果也对它有影响，这就把单词翻译贯通了起来，从而判断其情感。其实现过程如图 2-1 所示。

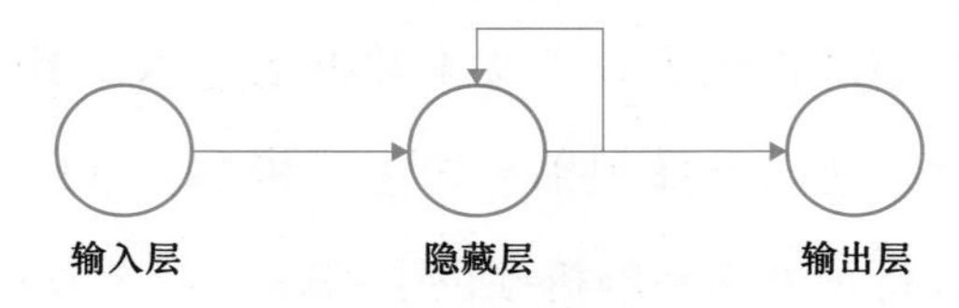

图 2-1　基于 RNN 的情感分析实现过程

机器翻译：NLP 的机器翻译技术可以将文本从一种语言翻译成另一种语言，为生成多语言内容提供了支持。基于神经网络的机器翻译示意图如图 2-2 所示。

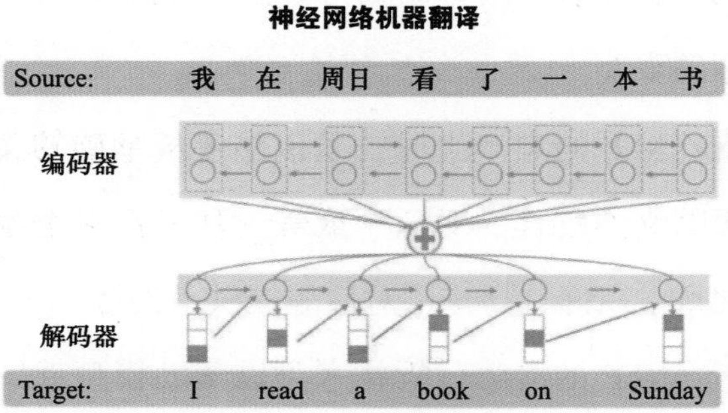

图 2-2　基于神经网络的机器翻译示意图

以上这些 NLP 技术和方法为 AIGC 提供了理论基础，通过结合深度学习、生成对抗网络（GAN）、循环神经网络（RNN）等先进技术，基于 NLP 的 AIGC 在广告、社交媒体、新闻、对话等领域呈现出了巨大的应用潜力。未来，随着 NLP 技术的不断发展和完善，AIGC 将进一步推动内容创作和生成的创新和效率提升，为人们带来更加丰富、多样化的内容体验。

2.2　深度学习：用于生成高质量内容

深度学习技术是一种机器学习方法，是基于人工神经网络（Artificial Neural Networks，ANN）的理论和算法，用于训练模型从大规模数据中自动学习特征表示和模式，并进行高级抽象和预测。深度学习技术通过多层次的非线性转换和高度抽象的特征表示，能够自动地从大量数据中提取复杂的特征和模式，并在任务中进行预测和推断。

深度学习技术通常由多层神经网络组成，每一层包含多个神经元节点，形成层与层之间的连接。这些连接权重通过大量的训练数据和反向传播算法进行自动调整，从而使得模型能够逐渐优化和调整，学习到更高级的特征表示。深度学习技术在多个领域中取得了显著的突破，包括图像识别、语音识别、自然语言处理、推荐系统等。

深度学习技术在 AI 领域中被广泛应用，包括生成对抗网络（GAN）、循环神经网络（RNN）、卷积神经网络（CNN）和变换器模型（Transformer）等，这些模型在生成内容、图像处理、语音合成、机器翻译、情感分析等任务中都取得了出色的成果。深度学习技术的发展促使了 AIGC 的兴起，并为生成高质量、创新性和多样性的内容提供了强大的工具和方法。

2.3 大模型：AIGC 的核心

大模型是指在人工智能领域中使用的具有庞大参数数量的深度学习模型。这些模型通常由数亿或数十亿个参数组成，训练和部署需要更多的计算资源和存储空间。在 AIGC 任务中，大模型是实现内容生成的核心。通过训练大模型，可以让其学习和捕捉到更多的数据模式和语义关联，从而生成更准确、逼真的内容。例如，在自然语言处理任务中，大模型可以学习到更深层次的语法和语义规则，以生成更流畅、自然的文本。

2.3.1 GAN：生成对抗网络

生成对抗网络（Generative Adversarial Network，GAN）是一种深度学习模型，由深度生成网络（Generator）和深度判别网络（Discriminator）组成，通过**对抗训练方式**来生成具有高度真实性和多样性的数据样本。

在 GANs 中，生成网络和判别网络通过反复的对抗训练进行优化。生成网络负责生成“伪造”的样本，而判别网络则负责对真实样本和生成样本进行鉴别。生成网络和判别网络在训练过程中通过互相竞争的方式不断优化，生成网络试图生成足够真实的样本以欺骗判别网络，而判别网络试图正确鉴别生成样本和真实样本的差别。

随着生成网络和判别网络的不断迭代训练，生成网络能够生成越来越接近真实样本的伪造样本，而判别网络则变得越来越难以区分真实样本和生成样本。通过这种对抗性的训练方式，GANs 能够生成高质量、多样性和创新性的数据样本，如图像、音乐、文本等。

GANs 在许多领域中得到广泛的应用，包括图像生成、图像修复、风格迁移、文本生成、虚拟角色生成等。GANs 为 AIGC 提供了一种强大的生成模型，能够生成具有高度创意和多样性的内容，丰富了人机互动和用户体验。GANs 的工作原理如图 2-3 所示。

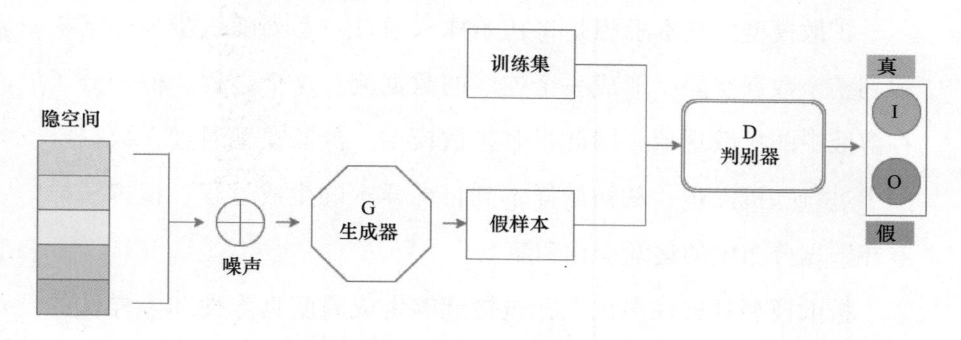

图 2-3　GANs 的工作原理示意图

如上图所示，GAN 由一个判别器（Discriminator）和一个生成器（Generator）两个网络组成。

训练时先训练判别器：将训练集数据打上真标签（1）和生成器生成的假样本（Fake Sampies）打上假标签（0）一同组成 batch 送入判别器，对判别器进行训练。计算 loss 时使判别器对训练集数据输入的判别趋近于真（1），对生成器生成的假样本的判别趋近于假

(0)。此过程中只更新判别器的参数，不更新生成器的参数。

然后再训练生成器：将高斯分布的噪声送入生成器，然后将生成器生成的假图片打上真标签（1）送入判别器。计算 loss 时使判别器对生成器生成的假图片的判别趋近于真（1）。此过程中只更新生成器的参数，不更新判别器的参数。

2.3.2 Diffusion Model：扩散模型

扩散模型（Diffusion Model）是一种生成模型，用于生成具有高度真实性和多样性的数据样本。扩散模型基于随机漫步的概念，通过在数据样本上进行连续的随机扩散操作，从而生成新的样本。

扩散模型的基本思想是将初始样本通过一系列随机步骤逐渐扩散到整个数据空间，形成一个连续的数据流。这个过程类似于分子在溶液中的扩散现象，因此得名扩散模型。扩散模型通过在数据空间中进行随机漫步，从初始样本到目标样本的生成过程，模拟了样本在数据分布中的逐渐变化和演变。

扩散模型具有许多优点，包括能够生成高度真实性和多样性的样本，能够处理高维数据和复杂数据分布，能够进行逐步生成和控制生成过程等。扩散模型在图像、视频、语音生成等领域都有广泛的应用，为 AIGC 提供了一种强大的生成模型，能够生成具有高度真实性和创意性的内容。

2.3.3 GPT-4：最新的大语言模型

GPT-4 是一种基于人工智能的自然语言处理模型，它是 OpenAI 公司开发的最新一代语言模型。GPT-4 在 GPT-3 的基础上进行了进一步的改进和优化，具有更强大的语言理解和生成能力。

GPT-4 采用了深度学习技术，通过大规模的训练数据和先进的神经网络结构，可以生成高质量的自然语言文本。它可以用于各种任务，如文本生成、对话系统、翻译、问答等。GPT-4 能够理解和回答复杂的问题，提供准确和有意义的回答。

相比于 GPT-3，GPT-4 在以下几个方面有所提升。

更大的模型规模：GPT-4 具有更多的参数和更深的网络结构，可以处理更复杂的语言任务。

更强的语言理解能力：GPT-4 能够更好地理解上下文和语义关系，生成更准确和连贯的文本。

更高的生成质量：GPT-4 生成的文本更加流畅、自然，并且更接近人类的表达方式。

更快的响应速度：GPT-4 在计算效率上有所提升，可以更快地生成回答。

2.3.4 CLIP：跨模态预训练模型

CLIP（Contrastive Language-Image Pre-training）是一种跨模态预训练模型，由 OpenAI 提出。CLIP 旨在通过同时预训练图像和文本表示，使模型能够理解和处理图像和文本之间的语义关联。

CLIP 使用了对比学习（Contrastive Learning）的方法，通过对图像和文本对进行比较，使模型学会将图像和文本嵌入空间中的相对位置进行区分。这种方式使得 CLIP 能够在没有监督标签的情况下，自动地学习到图像和文本之间的语义对齐。

CLIP 的预训练模型可以在多个领域中进行应用，例如图像检索、图像生成、图像描述生成等。

CLIP 的跨模态表示能力使得模型能够在图像和文本之间建立深刻的联系，为实现更加丰富和多样性的 AIGC 提供了新的可能性。

2.4 硬件资源：AIGC 的硬件基础

完成 AI 生成内容的任务需要强大的计算机硬件支持。这些硬件通常包括高端的中央处理器（CPU）、图形处理器（GPU）和大量的内存。由于生成内容需要进行大量的计算和处理，需要使用高速的硬件设备来确保快速、准确地完成任务。此外，AI 生成内容的过程还需要大量的数据存储和传输，因此高速的硬盘和网络连接也是必不可少的。

总之，基础硬件是实现 AI 生成内容的关键基础，只有在硬件设备足够强大的情况下，才能实现高效、精准的内容生成。

2.4.1 GPU

GPU（Graphics Processing Unit，图形处理单元）是一种专门用于图形和图像处理的硬件设备，广泛应用于计算机图形学、游戏、视频处理、深度学习等领域。

GPU 最初设计用于图形渲染，即将计算机生成的 3D 模型转换为 2D 图像，然后在屏幕上显示。随着计算机图形技术的不断发展，GPU 的功能也得到了扩展，从单一的图形渲染扩展到了广泛的通用计算。现代 GPU 具有强大的并行计算能力和高性能计算能力，可以同时处理大量的数据和计算操作。

在深度学习和人工智能领域，GPU 被广泛应用于加速神经网络的训练和推断过程。深度学习模型通常包含大量的参数和复杂的计算操作，对计算资源要求较高，而 GPU 的并行计算能力和高性能计算能力使得它成为处理这些复杂计算任务的理想选择。通过将计算操作映射到 GPU 上进行并行计算，可以显著加速深度学习模型的训练和推断过程，提高计算效率。

许多深度学习框架（如 TensorFlow、PyTorch 等）都支持在 GPU 上进行加速计算，通过将计算操作映射到 GPU 上进行并行计算，可以显著加快 AIGC 的生成和处理速度，提高效率。因此，GPU 作为 AIGC 的硬件基础之一，对于实现更高效、更快速的 AIGC 具有重要作用。

因此，GPU 作为一种特定用途的处理器，被广泛应用于图形和图像处理以及深度学习和人工智能等领域，是实现 AIGC 的硬件基础之一。

2.4.2　内存

内存（Memory）是指计算机中用于存储数据和指令的物理设备或区域。它是计算机系统中的一部分，用于临时存储正在运行的程序、数据和中间结果，以供 CPU（中央处理器）快速访问和处理。

内存通常是半导体芯片制成的，具有高速读写和易失性（断电即失）的特点。内存根据存储方式和访问速度的不同，可以分为多种类型，例如随机存取存储器（Random Access Memory，RAM）、只读存储器（Read-Only Memory，ROM）、闪存存储器（Flash Memory）等。

在 AIGC 中，内存是指计算机用于存储和读取数据的物理设备或区域，用于暂时存储计算机程序和数据在处理过程中的中间结果。内存在 AIGC 中扮演着重要的角色，是实现 AIGC 的硬件基础之一。

在生成内容的过程中，大量的数据需要被加载和处理，包括模型参数、输入数据和生成的内容等。这些数据通常需要在计算过程中频繁地读取和写入到内存中，以供模型进行计算和生成。因此，足够的内存容量和高速的读写速度对于实现 AIGC 的高效运行是至关重要的。

同时，对于一些复杂的 AIGC 任务，例如大规模图像生成、视频生成等，需要处理的数据量较大，对内存容量和带宽要求较高。高容量和高速度的内存可以帮助加速数据的读写和处理过程，提高生成速度和效果。

此外，内存还对于模型的训练过程中的中间结果的存储和管理起到了关键作用，例如优化器状态、梯度等。高效的内存管理可以减少模型训练过程中的内存占用和内存访问延迟，提高训练效率和性能。

内存作为 AIGC 的硬件基础之一，在实现高效的 AIGC 生成过程中起着重要的作用，对于存储和管理大量的模型参数、输入数据和生成的内容等数据具有重要意义。

2.4.3 存储空间

存储空间是计算机系统中用于存储和保存数据和文件的区域或设备。它可以是物理硬盘、闪存驱动器、云存储等形式，用于永久性地存储用户创建或处理的数据、应用程序、操作系统和其他类型的文件。

存储空间的主要作用是提供一个持久性的地方来保存数据，使其可以长期保存和随时访问。在计算机系统中，存储空间可以被操作系统、应用程序和用户使用，用于存储、读取文件和数据。不同的存储空间具有不同的性能特点，如访问速度、容量、可靠性等，用户可以根据需求选择适合其应用需求的存储空间。

在 AIGC 中，生成的内容通常需要保存和管理，包括训练数据、生成结果、模型参数、模型配置等。这些数据需要被持久性地存储，以供后续使用、共享和管理。存储空间的大小和性能对于 AIGC 的效果和效率都具有重要影响。

存储空间的大小决定了可以存储的数据量和内容的复杂性。对于大规模的生成任务，例如生成高分辨率图像或长篇文本，需要较大的存储空间来保存生成过程中产生的数据和结果。同时，存储空间的性能也对生成速度和效果产生影响，高速的存储设备可以减少数据读写的延迟，提高生成过程的效率。

此外，存储空间的可靠性和安全性也是 AIGC 中的考虑因素。生成的内容可能包含重要的数据和信息，需要在存储过程中保障数据的完整性、可靠性和安全性，防止数据丢失、损坏或未授权访问。

存储空间作为 AIGC 的硬件基础之一，对于数据的持久性保存、管理和共享具有重要作用，并对生成任务的效果、效率和安全性产生影响。

2.5 大数据：AIGC 的原材料

在当今数字化时代，数据成为“新的石油”，被广泛视为驱动创新和发展的核心资源。而在 AIGC 领域中，大数据被认为是其“原材料”。大数据的积累和利用为 AIGC 提供了丰富的信息和知识，推动了 AI 内容生成的质量和多样性的飞速发展。

2.5.1 数据采集与处理

实现 AIGC 的应用前提是采集大量的数据用于训练和生成 AI 内容。这涉及以下几个主要步骤。

1）**数据获取**：数据采集是指从各种数据来源中收集数据，包括结构化数据（如数据库、CSV 文件、API 等）和非结构化数据（如文本、图像、音频、视频等）。数据可以来自内部系统、外部数据库、社交媒体、传感器、网页等多种渠道。

2）**数据筛选**：数据筛选是指对采集到的数据进行筛选，选择符合特定要求和目标的数据，去除无效、重复或不符合需求的数据。这可以通过数据质量检查、数据清洗和数据过滤等方式进行。

3）**数据清洗**：数据清洗是指对采集到的数据进行处理，去除错误、缺失、不一致或不规范的数据，使数据更加干净、一致和可靠。这可能涉及数据修复、数据标准化、数据转换等处理步骤，以确保数据的准确性和一致性。

4）**数据转换**：数据转换是指将采集到的数据转换为可用于训

练和生成 AI 内容的格式和结构。这可以包括将数据转换为特定的数据类型、编码数据、归一化数据等，以便于后续的数据处理和分析。

5）数据准备： 数据准备是指对经过筛选、清洗和转换的数据进行整合和组织，形成可用于训练和生成 AI 内容的数据集。这可能涉及将数据分割为训练集、验证集和测试集，进行数据标注和标记，以及进行数据扩充和增强等操作，以便于训练和优化 AI 模型。

数据采集和处理是人工智能生成内容的重要步骤，对于确保生成的内容质量、多样性和创新性具有重要影响。合理的数据采集和处理可以提供高质量的原材料，从而帮助 AI 模型生成更加出色的内容。

2.5.2　数据存储技术

在当今数字化时代，大数据成为推动创新和发展的重要资源，而数据存储技术则扮演着关键的角色。数据存储技术是指用于在计算机系统或其他存储介质上存储和保存数据的方法和工具。无论是采集来的大数据还是生成的 AI 内容，都需要合适的存储技术来管理、处理和保护。数据存储技术对于采集来的大数据以及生成的 AI 内容的作用举足轻重。对于采集来的大数据，存储技术不仅提供了可扩展的存储解决方案，还可以保证数据的快速访问与处理。数据存储技术的性能和优化能够提高数据处理效率，使得数据能够快速被访问、搜索和分析。此外，存储技术的备份与恢复功能可以确保数据的安全性和持续可用性。

对于生成的 AI 内容，存储技术不仅提供了高效的存储和检索能力，还可以保证生成结果的安全性和隐私保护。由于 AI 内容可能是宝贵的知识和资产，数据存储技术通过加密、访问控制、备份等手段，确保内容不会被非授权访问或滥用。

数据存储技术通常涉及以下几种主要技术。

分布式文件系统：分布式文件系统是一种将数据存储在多个节点上的文件系统，可以提供高容量、高可扩展性和高可靠性的数据存储。例如，Hadoop HDFS（Hadoop Distributed File System）和 Apache HBase（Hadoop Database）等就是常用的分布式文件系统技术。

列式数据库：列式数据库是一种将数据按列存储而不是按行存储的数据库管理系统，可以提供高度的压缩和查询性能。例如，Apache Cassandra 和 Google Bigtable 等就是常用的列式数据库技术，常用于存储大规模、高速写入和读取的数据。

对象存储：对象存储是一种将数据作为对象存储的方式，而不是传统的文件和块存储的方式，可以提供高度的可扩展性和持久性。例如，Amazon S3（Simple Storage Service）和 OpenStack Swift 等就是常用的对象存储技术，广泛用于存储大规模的非结构化数据，如图像、音频、视频等。

分布式数据库：分布式数据库是一种将数据分布在多个节点上进行存储和处理的数据库管理系统，可以提供高并发、高可扩展性和高容错性。例如，Apache Cassandra、Apache HBase 和 MongoDB 等就是常用的分布式数据库技术，用于存储大规模的结构化和非结构化数据。

数据湖：数据湖是一种将数据以原始、未加工的形式存储在集中式存储中的大型数据仓库，可以容纳多种类型和格式的数据。例如，Apache Hadoop 和 Amazon S3 等就是常用的数据湖技术，用于存储和管理大规模的数据，供 AIGC 生成模型使用。

这些数据存储技术通常用于大数据场景下，提供了高度可扩展、高性能和高容错性的数据存储解决方案，可以有效地支持 AIGC 生成模型对大规模数据进行训练和生成。

2.5.3　数据处理技术

数据处理技术是指对数据进行加工、转换、整合和优化的方法和工具，以从数据中提取有用的信息、知识和洞见。数据处理技术通常包括以下几种主要技术。

数据清洗和预处理：数据清洗和预处理是将原始数据进行清洗、去噪、填充缺失值、处理。

异常值等操作：用于确保数据的质量和完整性。例如，数据清洗和预处理技术可以包括数据去重、数据格式转换、数据标准化、缺失值填充、异常值检测和处理等操作，以确保数据在进入 AIGC 生成模型之前是干净、一致和可用的。

数据集成和融合：数据集成和融合是将来自不同数据源的数据进行合并、整合和融合，以生成一个统一的数据集，便于后续的分析和处理。例如，数据集成和融合技术可以包括数据合并、数据关联、数据转换、数据映射等操作，以将不同来源的数据整合成一个一致的数据集，供 AIGC 生成模型使用。

数据挖掘和特征提取：数据挖掘和特征提取是从大数据中提取有价值的信息和特征，以支持 AIGC 生成模型的训练和生成。例如，数据挖掘和特征提取技术可以包括文本挖掘、图像处理、音频处理、情感分析、实体识别、时间序列分析等操作，以便从大数据中提取出潜在的模式、趋势和特征。

数据分析和建模：数据分析和建模是对大数据进行统计分析、机器学习和建模等操作，以便从数据中提取洞察和模式，并为 AIGC 生成模型提供训练和生成的依据。例如，数据分析和建模技术可以包括统计分析、机器学习算法、深度学习模型、聚类分析、分类分析、回归分析等操作，以便从大数据中发现模式、进行预测和生成内容。

数据可视化和呈现：数据可视化和呈现是将大数据通过图表、图形、仪表盘等方式进行可视化展示，以帮助理解和解释数据，并支持决策和交流。例如，数据可视化和呈现技术可以包括数据图表、数据仪表盘、地理信息系统（GIS）、可视化编程工具等操作，将大数据转化为直观的可视化展示形式，便于分析和理解。

这些数据处理技术可以帮助将大数据转化为有用的信息和洞见，为 AIGC 的生成提供丰富的原材料和基础。

2.5.4 数据分析技术

数据分析技术是指使用各种方法和工具对数据进行处理、分析、挖掘和解释的过程，以便从数据中提取有价值的信息、洞见和知识。数据分析技术为 AIGC 提供了深入挖掘数据洞察力的能力。通过对大数据进行分析，AIGC 可以从中发现用户的行为模式、喜好趋势和需求变化，进而生成内容更加贴合用户的期望和心理。数据分析技术还可以改善生成结果的质量，通过评估和优化生成内容，提升其准确性、一致性和流畅性。

此外，数据分析技术还能实现个性化生成与推荐，根据用户的特征和偏好，为每个用户生成个性化且精准的内容，提高用户的参与度和满意度。最重要的是，数据分析技术可以帮助发现新的创作灵感和内容创新机会，通过分析大数据，AIGC 可以发现新兴话题、热门趋势和用户需求的变化，为创作者提供源源不断的灵感和创作方向。数据分析技术主要包括以下几种。

统计学：通过统计学方法对大数据进行描述、总结和推断，包括描述性统计、推断统计、回归分析、时间序列分析等，用于从数据中发现趋势、规律和关联。

机器学习：利用机器学习算法对大数据进行模型训练和预测，包括监督学习、无监督学习、强化学习等，用于从数据中挖掘模式、分类、聚类、推荐等。

自然语言处理（NLP）：对文本数据进行处理和分析，包括文本挖掘、情感分析、实体识别、文本生成等，用于处理大规模的文本数据，如社交媒体、新闻文章等。

图像处理：对图像数据进行处理和分析，包括图像识别、目标检测、图像生成等，用于处理大规模的图像数据，如图片、视频等。

数据可视化：利用图表、图形、地图等方式将数据进行可视化展示，帮助用户更直观地理解数据和发现数据中的模式和趋势。

这些数据分析技术可以帮助从大数据中提取有价值的信息和洞见，为 AIGC 的生成提供丰富的原材料和基础。

通过数据分析技术的引领，AIGC 正逐渐向具有更高质量、更个性化、更创新的内容创作方向迈进。在这个智能生成的时代里，让我们一同深入探索数据分析技术如何引领 AIGC 的发展，为用户创造出更加优质、个性化和引人入胜的 AI 内容体验。

2.6 训练方法：AIGC 的实现路径

训练方法是实现 AIGC 的关键路径之一。通过有效的训练方法，AI 模型可以从海量数据中学习和理解规律，进而生成高质量、丰富多样的内容。本节将探讨不同的训练方法在 AIGC 中的应用和意义，从数据预处理、模型架构、优化算法等方面探索如何构建出优秀的 AI 内容生成系统。

2.6.1 监督训练

监督训练（Supervised Training）是一种机器学习的训练方式，其中模型在训练过程中使用带有标签或目标输出的训练数据，通过最小化预测输出与真实标签之间的差距来进行学习。在监督训练中，训练数据中包含了输入特征和对应的目标输出或标签，模型通过这些带有标签的数据进行学习，从而能够对未见过的输入数据进行预测或分类。

监督训练通常包括以下步骤。

1）**数据收集和准备**：收集带有标签的训练数据集，并将其准备成模型可以处理的格式，通常包括特征提取和标签编码等处理步骤。

2）模型构建： 选择合适的模型架构，并初始化模型的参数。

3）损失函数定义： 定义衡量模型预测输出与真实标签之间差距的损失函数，通常包括均方误差（Mean Squared Error，MSE）、交叉熵（Cross-Entropy）等。

4）模型训练： 使用带有标签的训练数据进行模型训练，通过最小化损失函数来更新模型的参数，使其能够在训练数据上更好地预测目标输出。

5）模型评估： 使用验证数据集或测试数据集对训练得到的模型进行评估，从而评估模型在未见过的数据上的性能。

6）模型调优： 根据评估结果对模型进行调优，例如调整模型的超参数、优化算法、模型架构等，以进一步提高模型的性能。

监督训练是一种常用的机器学习方法，广泛应用于各种任务，如图像分类、语音识别、自然语言处理等。通过使用带有标签的训练数据，监督训练能够让模型从标注数据中学习到数据的潜在模式和特征，从而能够对未见过的数据进行预测或分类。然而，监督训练也需要大量的标签数据，并且在某些场景下可能会受到标签数据的限制和成本的限制。因此，其他形式的训练方式，如无监督训练和半监督训练，也在一些情况下被用于 AIGC 的实现路径。基于自监督学习的深度学习方法如图 2-4 所示。

首先，构建一个多任务学习深度神经网络，包含一个特征提取网 E，图像分类网 M 以及数据增强变换预测网 P；再分别将源域样本和其类别标组成分类任务训练集，对源域样本应用数据增强变换得到源域自监督训练集，再分别进行构建自监督学习任务得到各自

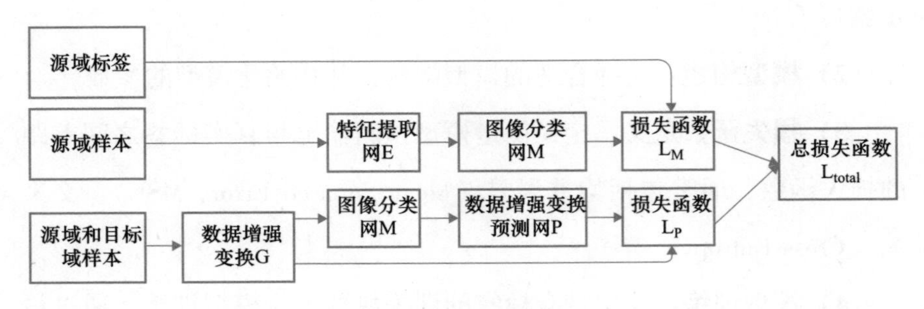

图 2-4　基于自监督学习的深度学习方法

训练时的损失函数，在对其进行加权求和，从而得到其预测的样本类别。

2.6.2　半监督训练

半监督训练（Semi-Supervised Training）是一种机器学习训练方式，介于监督训练和无监督训练之间。在半监督训练中，模型使用带有部分标签和部分无标签的训练数据进行学习。

与监督训练只使用带有标签的训练数据不同，半监督训练还使用了大量的无标签数据。无标签数据是没有人工标签的数据，通常容易获得且成本较低。半监督训练利用了这些无标签数据的信息，通过在无标签数据上进行自监督或者无监督学习，来提高模型的性能。

半监督训练的主要思想是，利用带有标签的少量训练数据来指导模型学习，并通过无标签数据中的信息来丰富模型的表示能力。在标签数据有限的情况下，充分利用未标签数据的信息，半监督训练可以提高模型的性能。

半监督训练的典型应用场景包括图像分类、文本分类、语音识别等领域。在这些应用中，往往存在大量无标签数据，而获得人工标签的数据成本较高，因此半监督训练可以充分利用这些无标签数据，提高模型的性能。

半监督训练一般包括以下 6 步。

1）**数据准备**：收集带有标签和无标签的训练数据，并将其准备成模型可以处理的格式。

2）**模型构建**：选择合适的模型架构，并初始化模型的参数。

3）**监督训练**：使用带有标签的训练数据进行监督训练，通过最小化损失函数来更新模型的参数。

4）**无监督训练**：使用无标签数据进行自监督或者无监督学习，通过最小化自监督或者无监督学习的损失函数来更新模型的参数。

5）**模型评估**：使用验证数据集或测试数据集对训练得到的模型进行评估，从而评估模型在未见过的数据上的性能。

6）**模型调优**：根据评估结果对模型进行调优，例如调整模型的超参数、优化算法、模型架构等，以进一步提高模型的性能。

需要注意的是，半监督训练可能面临的挑战，例如：如何选择合适的标签数据和无标签数据的比例、如何合理使用无标签数据进行自主学习等。

半监督训练为 AIGC 的生成模型提供了一种有效的训练方式，可以在大规模数据集中进行训练，并利用未标记数据的信息提升生成模型的性能和生成效果。如图 2-5 所示。

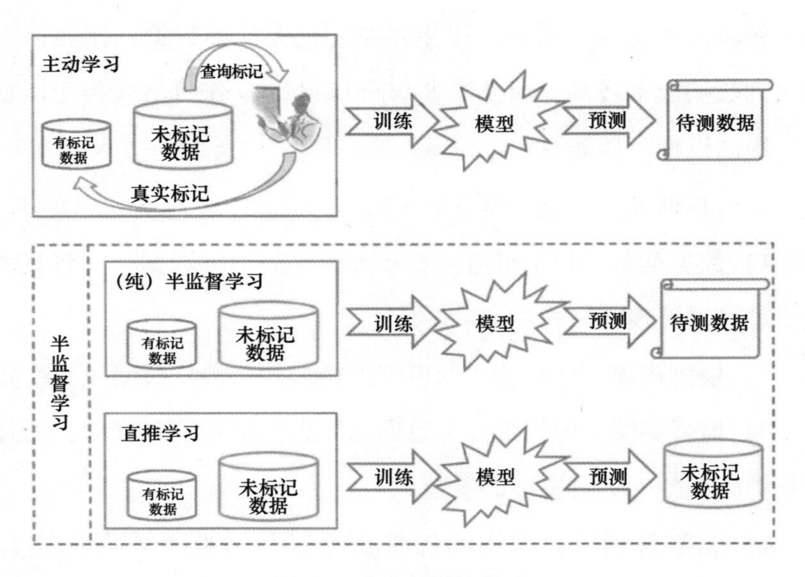

图 2-5 半监督训练模型

2.6.3 无监督训练

无监督训练（Unsupervised Training）是一种机器学习训练方式，其中模型从没有人工标签的数据中自主地学习。在无监督训练中，模型没有先验的标签信息来指导学习，而是通过自主地发现数据中的模式、结构或者特征来进行学习。

无监督训练通常用于无法获得带有标签的大量数据的场景，或者用于在大规模数据集中自主学习有用的表示或特征。无监督训练的目标是通过自主学习数据的内在结构或者特征，从而能够对未见过的数据进行有效的预测、分类、聚类或者生成。

无监督训练的一般步骤通常包括以下几个阶段。

1）**数据准备：**收集或生成没有人工标签的数据，并将其准备成模型可以处理的格式。

2）特征提取或者表示学习：通过某种方法从数据中提取有用的特征或者学习有效的表示。例如，常用的方法包括自编码器（Autoencoder）、主题模型（Topic Model）、聚类（Clustering）、降维（Dimensionality Reduction）等。

3）模型构建：选择合适的模型架构，并初始化模型的参数。

4）无监督训练：使用没有人工标签的数据进行模型训练。通过最小化某种无监督学习的目标函数或者优化算法来更新模型的参数。

5）模型评估：使用评估指标或者可视化方法来评估模型学习到的特征或者表示的质量，并选择合适的模型。

6）模型应用：将训练得到的模型应用于实际问题，例如预测、分类、聚类、生成等。

需要注意的是，无监督训练可能会面临一些挑战，例如缺乏标签信息导致难以评估模型的性能，以及自主学习过程中可能出现的过拟合、欠拟合等问题。因此，在无监督训练中，合理选择合适的方法和评估策略是非常重要的。

总的来说，无监督训练对于 AIGC 的生成模型而言具有一定的优势，因为它可以在没有大量标记好的训练数据的情况下进行训练，从而避免了人工标注数据的成本和时间开销。同时，无监督训练也可以从未标记数据中挖掘潜在的模式和特征，从而生成更加多样化和创新性的内容。然而，由于缺乏标签和目标输出的指导，无监督训练在生成模型的性能和生成效果上可能会受到一定的限制，需要进一步的研究和改进。

第三章
ChatGPT——AIGC 的现象级应用

ChatGPT 是一款基于强大的大语言模型的现象级 AIGC 应用。在本章中，我们将介绍 ChatGPT 的基本原理，并深入介绍其在不同领域的应用案例和潜在影响。

3.1 ChatGPT：跨时代的聊天机器人

ChatGPT 可以通过与用户的对话交互，生成具有高度人类化的文本回复，可以应用于社交媒体、在线客服、内容编辑等多个领域。其强大的生成能力和广泛的应用潜力，使 ChatGPT 在人机交互和自动内容生成方面取得了显著的突破，为提升用户体验和提高生产效率带来了巨大的价值。

3.1.1 ChatGPT 的背景

ChatGPT 是一个由 OpenAI 开发的大型语言模型（Large Language

Model，LLM），基于 GPT 架构，采用深度学习技术实现。其训练数据包含了海量的自然语言文本，可以进行多种自然语言处理任务，如文本生成、语言理解、问答等。ChatGPT 在自然语言生成领域表现出色，可以模拟人类进行对话、回答问题等，被广泛应用于聊天机器人、客服系统、智能对话等应用场景。

3.1.2 ChatGPT 的核心技术

ChatGPT 的核心技术是基于深度学习的大语言模型，使用了类似于 GPT（Generative Pre-trained Transformer）的架构。GPT 是一种基于变压器（Transformer）架构的预训练语言模型，它采用了大规模的无监督训练方法，通过对大量的文本数据进行预训练，使其学习到了丰富的语言知识和模式，并能够生成自然流畅的文本。

ChatGPT 在 GPT 的基础上进行了进一步的微调和优化，使其更加适用于模拟对话场景。其核心技术包括。

Transformer 架构：使用了基于 Transformer 的神经网络架构，该架构在自然语言处理任务中表现出色，能够处理长文本序列并捕捉上下文关系。这里对 Transformer 的中英文文本翻译的原理做简要介绍。如图 3-1 所示，可以看到 Transformer 由 Encoder（编码器）和 Decoder（解码器）两个部分组成，Encoder 和 Decoder 都包含 6 个 Block。Transformer 的工作流程大体如下：获取输入句子的每一个单词的表示向量；将得到的单词表示向量矩阵传入 Encoder 中，经过 6 个 Encoder block 后可以得到句子所有单词的编码信息矩阵；将 Encoder 输出的编码信息矩阵传递到 Decoder 中，Decoder 依次会根据当前翻译过的单词翻译下一个单词。

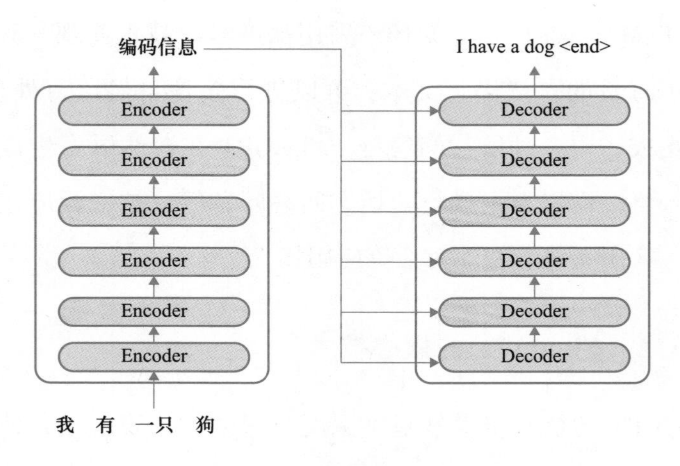

图 3-1 Transformer 架构工作原理

预训练：使用大量的无监督数据进行预训练，使模型能够学习到丰富的语言知识和模式。

微调：在预训练之后，使用特定的对话数据对模型进行微调，以使其更加适应对话场景，包括对话生成、对话管理和用户交互。

多轮对话建模：ChatGPT 可以处理多轮对话，并保持对话的上下文一致性，使得对话生成更加连贯和自然。

人工智能生成对话体验：通过使用强化学习和其他技术，使 ChatGPT 在对话体验上更加智能和用户友好，可以理解和生成更加自然、多样化和有趣的对话内容。

这些核心技术的结合使得 ChatGPT 能够生成自然流畅的对话内容，并在多轮对话场景中展现出强大的语言处理和生成能力。

3.1.3 ChatGPT 的发展历程

ChatGPT 的发展历程如下。

GPT-1（2018 年 6 月）：GPT-1 是 OpenAI 推出的第一个版本的 Generative Pre-trained Transformer（GPT），它是一个单向的语言模型，通过大规模的无监督预训练来学习文本数据，并可以生成自然语言文本。

GPT-2（2019 年 2 月）：GPT-2 是 GPT-1 的升级版，它引入了更大规模的模型参数和更多的训练数据，使得其生成效果更加出色。然而，由于其生成能力可能导致滥用和虚假信息的传播，OpenAI 最初决定不公开发布完整的 GPT-2 模型，只公开发布了较小的版本。

ChatGPT（2019 年 10 月）：作为 GPT-2 的一个应用扩展，OpenAI 推出了 ChatGPT，这是一个基于 GPT-2 架构的语言模型，专门用于模拟对话场景。ChatGPT 可以生成连贯的对话内容，并通过微调和优化，使其更加适合多轮对话和用户交互。

GPT-3（2020 年 6 月）：GPT-3 是 GPT 系列的新版本，也是目前最大规模的语言模型之一，它引入了 1750 亿个参数的模型，大大提升了语言模型的生成和理解能力。GPT-3 在多个领域展现出了卓越的性能，包括文本生成、问答、翻译、摘要等。

GPT-3. 5-turbo（2021 年 7 月）：GPT-3. 5-turbo 是 GPT-3 的改进版本，它通过 Fine-tuning 进一步优化了性能，特别是在生成多样化和控制生成内容方面。

GPT-4（2023 年 3 月）：OpenAI 震撼推出了大型多模态模型 GPT-4，不仅能够阅读文字，还能识别图像，并生成文本结果。

这是 ChatGPT 的发展历程，从 GPT-1 到 GPT-4，不断推陈出新，不断改进和优化，使其在语言生成和对话模拟领域展现出了强大的能力。

3.1.4 ChatGPT 的主流应用

ChatGPT 的主流应用涵盖了多个领域，包括但不限于以下几个方面。

对话生成：ChatGPT 可以生成连贯、自然的对话内容，可以用于生成对话情境、对话脚本、对话流程等。在客户服务、虚拟助手、社交媒体等场景中，ChatGPT 可以模拟人类对话并生成合适的回复。

用户支持和客户服务：ChatGPT 可以用于提供用户支持和客户服务，通过与用户的对话来解答问题、提供帮助、解决问题等。在在线客服、智能客服、技术支持等领域，ChatGPT 可以用于与用户进行实时对话交互。

营销和广告：ChatGPT 可以生成具有吸引力和个性化的营销内容，包括广告文案、推广语等，用于帮助企业进行品牌推广、产品宣传等。

内容生成：ChatGPT 可以生成各种类型的内容，包括文章、博客、新闻、社交媒体帖子等，用于辅助内容创作、提供灵感和创意。

教育和培训：ChatGPT 可以用于在线教育、培训和学习，作为辅助工具，可以生成教学材料、课程内容、答疑解惑等，帮助学生和教师进行教学和学习。

翻译和语言处理：ChatGPT 可以用于实时翻译、语言处理和语言转换等任务，在多语言环境中可以提供帮助。

这些是 ChatGPT 的主流应用，然而，由于其灵活性和可扩展性，它还可以在许多其他领域中发挥作用，用于各种文本生成和对话模拟的应用场景。

3.2 ChatGPT 带来的变革

ChatGPT 带来的变革主要体现在对 AI 与人互动方式带来的改变，对搜索引擎带来的冲击，对教育领域的冲击以及对生产领域的提升等方面的变革。

3.2.1 对 AI 与人互动方式带来的改变

ChatGPT 的出现和发展为人工智能与人类之间的互动方式带来了一系列的改变。

自然语言对话：ChatGPT 可以进行自然语言对话，使得人与 AI 之间的交互更加流畅和自然。用户可以通过对话的方式与 ChatGPT 进行交流，就像与一个真实的人类对话一样，而不再需要烦琐的指令或编程。

智能问答和帮助：ChatGPT 可以回答用户的问题并提供帮助。用户可以向 ChatGPT 提出问题，获取实时的答案和解决方案，从而在各种情境下获得有用的信息和指导。

个性化互动体验：ChatGPT 可以通过学习用户的偏好、兴趣和行为，实现个性化的互动体验。ChatGPT 可以根据用户的反馈和行为进行调整，从而提供更加贴合用户需求的服务和内容。

创意和内容生成：ChatGPT 可以生成丰富多样的文本内容，包括文章、博客、社交媒体帖子等，为内容创作提供灵感和创意。用户可以借助 ChatGPT 进行文本生成，从而提高内容创作的效率和创意。

教育和培训辅助工具：ChatGPT 可以用于在线教育、培训和学习，作为辅助工具，通过生成教学材料、课程内容、答疑解惑等，帮助学生和教师进行教学和学习，促进教育资源的普及和优化。

语言处理和翻译：ChatGPT 可以用于实时翻译、语言处理和语言转换等任务，为多语言环境下的沟通和交流提供便利，推动跨文化交流和合作。

这些改变使得人与 AI 之间的互动更加智能化、个性化和便捷化，为用户提供了更多的选择和可能性。然而，也需要注意在应用 ChatGPT 时关注数据隐私、信息真实性、伦理道德等问题。

3.2.2 对搜索引擎的冲击

ChatGPT 对搜索引擎可能会带来一定的冲击，主要表现在以下几个方面。

搜索查询方式的变化：随着 ChatGPT 的发展，用户可能会更倾向于使用自然语言对话的方式进行搜索查询，而不再依赖简短的关键词搜索。这可能会导致搜索引擎在处理长尾查询、复杂查询和语境相关的查询时面临挑战，需要采用更加智能化的处理方式。

搜索结果的多样化：ChatGPT 可以生成丰富多样的文本内容，可能会在搜索结果中生成更多的实时答案、解释、评论、文章等信息，从而给搜索结果带来多样性。这可能会改变搜索结果的呈现方式，对搜索引擎的排名算法和展示方式提出新的要求。

个性化搜索体验：ChatGPT 可以通过学习用户的兴趣和偏好，提供个性化的搜索结果和推荐。这可能会对搜索引擎的推荐算法和个性化服务提出更高的要求，以满足用户对个性化搜索体验的需求。

内容生成和呈现方式的变化：ChatGPT 可以生成丰富的文本内容，包括文章、博客、社交媒体帖子等，这可能会对搜索引擎中的内容生成和呈现方式带来变化。例如，用户可能会通过 ChatGPT 生成的内容来获取答案，而不再依赖传统的搜索结果。

信息真实性和可信度的挑战：ChatGPT 生成的内容可能包含虚假信息、误导性信息或者未经验证的内容，从而对搜索引擎中的信息真实性和可信度带来挑战。搜索引擎需要更加严谨地判断和筛选 ChatGPT 生成的内容，以确保搜索结果的准确性和可靠性。

需要注意的是，ChatGPT 对搜索引擎的冲击可能是渐进的，并且可能还存在技术、法律、伦理等方面的限制和挑战。搜索引擎需要不断创新和优化，以适应技术发展和用户需求的变化。

3.2.3　对教育领域的冲击

ChatGPT 在教育领域可能带来以下几方面的冲击。

个性化学习体验：ChatGPT 可以通过与学生进行自然语言对话，根据学生的兴趣、学习风格和能力水平，提供个性化的学习体验。它可以为学生定制学习计划、答疑解惑、提供实时反馈和推荐学习资源，从而帮助学生更好地掌握知识和提升学习效果。

在线教学辅助工具：ChatGPT 可以作为在线教学辅助工具，通过回答学生的问题、解释概念、演示实验等方式，提供即时的教学支持。它可以为教师提供更多的资源和工具，帮助他们更好地进行在线教学和辅助教学。

自动化作业和评估：ChatGPT 可以自动生成作业题目、批改学生作业，并提供反馈和评估。这可以帮助教师减轻繁重的作业批改负担，提高作业批改的效率和一致性。

教育资源和知识传播：ChatGPT 可以通过生成教育资源、答疑解惑和知识传播，为学生和教师提供更丰富的教育内容和学习资源。这可以促进教育资源的共享和传播，帮助学生和教师更好地获取和应用知识。

教育评估和辅助决策：ChatGPT 可以通过自动生成评估报告、提供数据分析和决策支持，帮助学校和教育机构进行教育评估和辅助决策。可以提供更客观和数据驱动的教育管理和决策支持。

需要注意的是，ChatGPT 在教育领域的应用还面临一些挑战，例如对学生隐私和数据安全的关注、人工智能生成的内容的可靠性和真实性、与传统教育方式的融合等。教育机构和教育从业者需要谨慎应用 ChatGPT 技术，并合理利用其优势，规避其局限性，以推动教育的可持续发展和优质教育资源的普及。

3.3 ChatGPT 的商业价值

ChatGPT 的商业价值体现在：能够帮助企业提升数字化经营能力，创造新的商业版图，带来商业价值的提升，为企业和市场带来新的机会和可能性。

3.3.1 提升企业数字化经营能力

ChatGPT 可以帮助企业提升数字化经营能力，从而增加其商业价值。以下是 ChatGPT 提升企业数字化经营能力的一些方面。

自动化客户服务：ChatGPT 可以作为企业的智能客服工具，通过与客户进行智能对话，解答常见问题、提供产品信息、处理投诉等，从而提升客户服务水平，改善客户体验。

智能销售和市场营销：ChatGPT 可以与潜在客户进行智能对话，了解其需求并提供个性化的销售和市场营销方案，从而提高销售转化率和客户满意度。

智能数据分析和决策支持：ChatGPT 可以通过与企业数据分析人员进行智能对话，生成数据报告、分析结果和预测模型等，帮助企业快速获取数据洞察，做出更明智的决策。

智能业务流程优化：ChatGPT 可以与企业员工进行智能对话，自动生成业务流程文档、操作指南等，从而优化业务流程，提高工作效率，降低错误率。

智能化的人才管理和培养：ChatGPT 可以作为企业内部的智能培训工具，与员工进行智能对话，提供培训资料、知识问答等，帮助员工提升技能和知识水平，提高人才管理和培养效果。

通过以上方式，ChatGPT 可以帮助企业在数字化经营方面取得显著的提升，提高企业的竞争力和市场份额，从而带来商业价值的增长。

3.3.2 创造新的商业版图

ChatGPT 的广泛应用可以创造新的商业版图，带来商业价值的提升。以下是一些 ChatGPT 可能创造的新商业版图。

虚拟助手市场：随着 ChatGPT 技术的发展，虚拟助手可以在多个领域中扮演关键角色，如智能客服、在线销售等。这可能催生出一个新的虚拟助手市场，包括虚拟助手的开发、定制、部署、管理和维护等各种服务和解决方案。

智能营销和个性化推荐： ChatGPT 可以通过与消费者进行智能对话，了解其需求、兴趣和偏好，并提供个性化的推荐和营销方案。这可以帮助企业更好地理解消费者，提供定制化的产品和服务，从而提高客户满意度和增加销售额。

数据驱动决策和洞察： ChatGPT 可以通过与企业数据分析人员进行智能对话，生成数据报告、分析结果和预测模型等，帮助企业快速获取数据洞察，支持数据驱动的决策制定。这可能催生出一些新的数据分析和决策支持服务，帮助企业更好地利用数据资产。

智能培训和教育： ChatGPT 可以作为企业内部的智能培训工具，与员工进行智能对话，提供培训资料、知识问答等，帮助员工提升技能和知识水平。这可能创造出新的智能培训和教育市场，包括培训内容的开发、交付、评估等各种服务和解决方案。

创新和创意支持： ChatGPT 可以与员工、客户等进行创新性的对话，激发创新想法和解决问题的能力，从而推动企业的创新和创意活动。这可能引领出新的创新和创意支持市场，包括创新工具、咨询服务、创意管理等各种服务和解决方案。

通过以上方式，ChatGPT 可以创造新的商业版图，带来商业价值的提升，为企业和市场带来新的机会和可能性。

3.4 如何使用 ChatGPT

本节内容将着重介绍 ChatGPT 的界面及交互方式以及经典的使

用案例解析。

3.4.1 ChatGPT 的界面及交互方式

ChatGPT 的界面和交互方式主要通过文本进行。以下是 ChatGPT 的一般界面和交互方式：

文本输入框：用户可以在界面上的文本输入框中输入问题、指令或对话内容。

用户提示：ChatGPT 通常提供一些用户提示，以指导用户输入的内容，例如："请问有什么我可以帮助您的?"。

文本输出框：ChatGPT 将生成的回答或响应显示在界面上的文本输出框中。这里是 ChatGPT 回应用户的地方。

上下文保持：ChatGPT 可以记住先前的对话内容，以更好地理解和回应后续的问题。用户可以通过在对话中保持相关的背景信息，使对话更加连贯。

用户通过在文本输入框中输入问题或对话内容，ChatGPT 会根据自己的训练模型和上下文理解用户的意图，并生成相应的回答。它可以回答各种问题，提供信息、建议或与用户进行对话。

ChatGPT 的界面如图 3-2 所示。

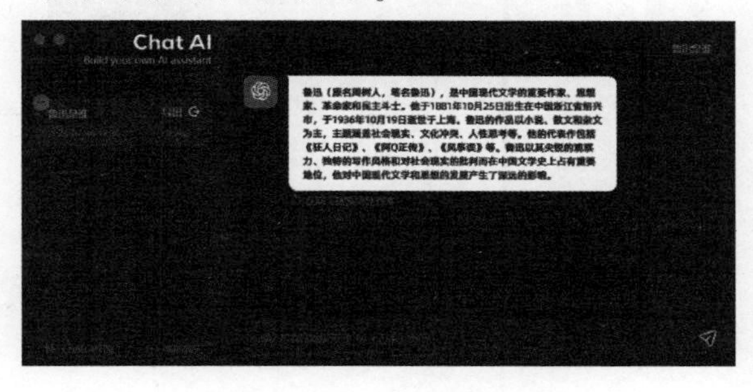

图 3-2 ChatGPT 的界面

3.4.2 使用案例：基础问答

ChatGPT 的主要功能之一是问答功能。它可以回答用户的各种问题，包括常见问题、技术问题、娱乐问题等。用户只需输入问题，ChatGPT 就会通过智能分析和搜索引擎等算法，快速给出准确且详细的回答。例如。

输入“梯形上底 4cm，下底 6cm，高 4cm，请问这个梯形的面积是多少”。则输出内容如图 3-3 所示。

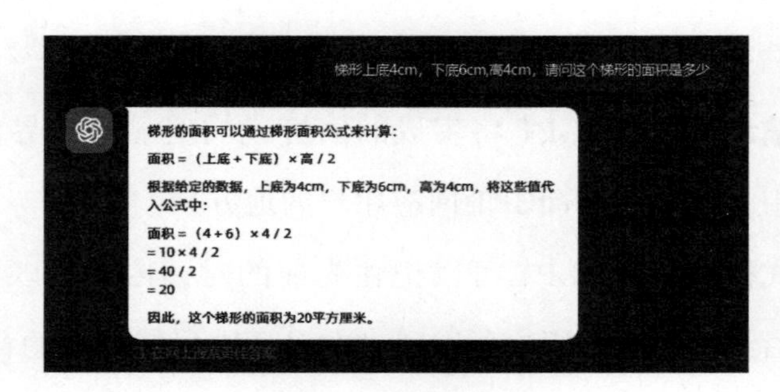

图 3-3　ChatGPT 的输出结果 1

输入“鲁迅是谁”，则输出内容如图 3-4 所示。

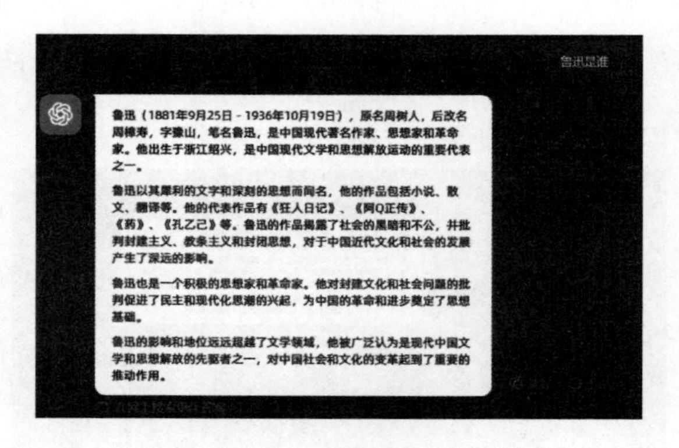

图 3-4　ChatGPT 的输出结果 2

以上只是 ChatGPT 在基础问答方面的两个很普通的应用案例，实际上 ChatGPT 具有非常强大的问答能力，读者尽可以向 ChatGPT 尽情提问，它可以做到知无不尽，知无不言。

3.4.3 使用案例：数据整理

ChatGPT 可以用于数据整理包括以下几方面。

数据清洗和预处理：ChatGPT 可以通过与用户的对话交互，自动识别和修复数据中的错误、缺失或格式不规范的部分，从而提高数据的质量和准确性。

数据标注和分类：ChatGPT 可以通过与用户的对话，根据用户提供的标准或规则，对数据进行标注和分类，帮助用户快速将大量未标注的数据进行标记和分类，从而减轻人工标注的工作负担。

数据筛选和排序：ChatGPT 可以通过与用户的对话，根据用户的需求和条件，对大量数据进行筛选和排序，从而帮助用户找到符合特定要求的数据，并进行优先级排序。

数据合并和整合：ChatGPT 可以通过与用户的对话，根据用户提供的合并规则或逻辑，对多个数据源的数据进行合并和整合，从而生成更完整和一致的数据集。

数据查询和检索：ChatGPT 可以通过与用户的对话，根据用户提供的查询条件和要求，对大量数据进行检索和查询，从而帮助用户快速找到所需的数据。

例如：将一份数据源输入，根据用户提出的需求，ChatGPT 则会输出如图 3-5 所示内容。

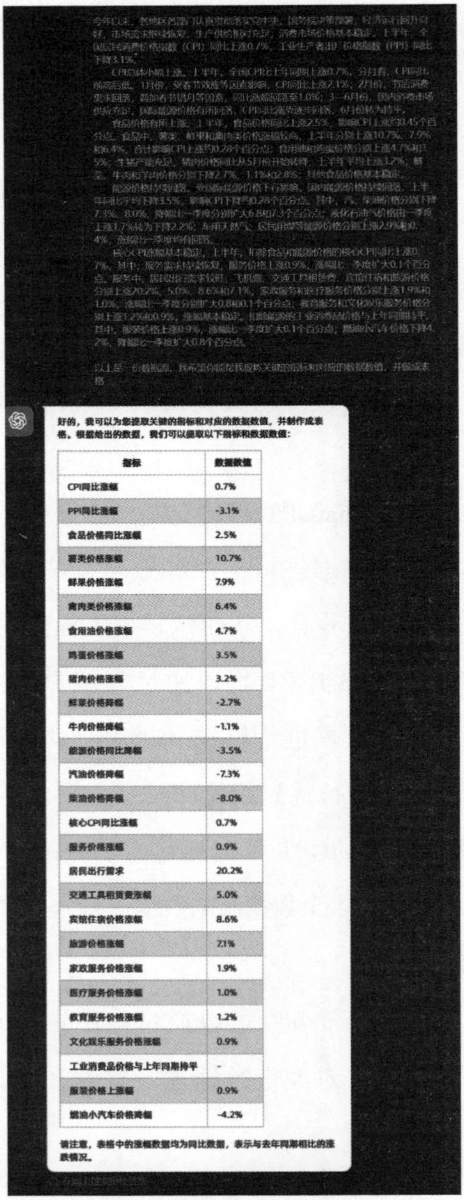

今年以来，各地区各部门认真贯彻落实党中央、国务院决策部署，经济运行回升向好，市场需求稳步恢复，生产供给相对充足，消费市场价格基本稳定。上半年，全国居民消费价格指数（CPI）同比上涨0.7%，工业生产者出厂价格指数（PPI）同比下降3.1%。

CPI总体小幅上涨。上半年，全国CPI比上年同期上涨0.7%。分月看，CPI同比前高后低。1月份，受春节效应等因素影响，CPI同比上涨2.1%；2月份，节后消费需求回落，叠加春节错月等因素，同比涨幅回落至1.0%；3—6月份，国内消费市场供应充足，国际能源价格有所回落，CPI同比涨势逐步回落，6月份转为持平。

食品价格有所上涨。上半年，食品价格同比上涨2.5%，影响CPI上涨约0.45个百分点。食品中，蛋类、鲜果和禽肉类价格涨幅较高，上半年分别上涨10.7%、7.9%和6.4%，合计影响CPI上涨约0.28个百分点；食用油和鸡蛋价格分别上涨4.7%和3.5%；生猪产能充足，猪肉价格同比从5月份开始转降，上半年平均上涨3.2%；鲜菜、牛肉和羊肉价格分别下降2.7%、1.1%和2.8%；其他食品价格基本稳定。

能源价格持续回落。受国际能源价格下行影响，国内能源价格持续回落，上半年同比平均下降3.5%，影响CPI下降约0.28个百分点。其中，汽、柴油价格分别下降7.3%、8.0%，降幅比一季度分别扩大6.8和7.3个百分点；液化石油气价格由一季度上涨1.7%转为下降2.2%；车用天然气、居民用管道燃气价格分别上涨2.9%和0.4%，涨幅比一季度均有回落。

核心CPI涨幅基本稳定。上半年，扣除食品和能源价格的核心CPI同比上涨0.7%。其中，服务需求持续恢复，服务价格上涨0.9%，涨幅比一季度扩大0.1个百分点。服务中，居民出行需求较旺，飞机票、交通工具租赁费、宾馆住宿和旅游价格分别上涨20.2%、5.0%、8.6%和7.1%；家政服务和医疗服务价格分别上涨1.9%和1.0%，涨幅比一季度分别扩大0.8和0.1个百分点；教育服务和文化娱乐服务价格分别上涨1.2%和0.9%，涨幅基本稳定。扣除能源的工业消费品价格与上年同期持平。其中，服装价格上涨0.9%，涨幅比一季度扩大0.1个百分点；燃油小汽车价格下降4.2%，降幅比一季度扩大0.8个百分点。

以上是一份数据报告，我希望你能帮我提炼关键的指标和对应的数据数值，并做成表格

好的，我可以为您提取关键的指标和对应的数据数值，并制作成表格。根据给出的数据，我们可以提取以下指标和数据数值：

指标	数据数值
CPI同比涨幅	0.7%
PPI同比涨幅	-3.1%
食品价格同比涨幅	2.5%
蛋类价格涨幅	10.7%
鲜果价格涨幅	7.9%
禽肉类价格涨幅	6.4%
食用油价格涨幅	4.7%
鸡蛋价格涨幅	3.5%
猪肉价格涨幅	3.2%
鲜菜价格降幅	-2.7%
牛肉价格降幅	-1.1%
能源价格同比降幅	-3.5%
汽油价格降幅	-7.3%
柴油价格降幅	-8.0%
核心CPI同比涨幅	0.7%
服务价格涨幅	0.9%
居民出行需求	20.2%
交通工具租赁费涨幅	5.0%
宾馆住宿价格涨幅	8.6%
旅游价格涨幅	7.1%
家政服务价格涨幅	1.9%
医疗服务价格涨幅	1.0%
教育服务价格涨幅	1.2%
文化娱乐服务价格涨幅	0.9%
工业消费品价格与上年同期持平	-
服装价格上涨幅	0.9%
燃油小汽车价格降幅	-4.2%

请注意，表格中的涨幅数据均为同比数据，表示与去年同期相比的涨跌情况。

图 3-5 ChatGPT 的输出结果 3

如该示例所示通过与用户进行对话和交互，ChatGPT 可以根据用户的需求和指示，自动处理和整理大量的数据，提高数据处理的效率和准确性。

3.4.4　使用案例：程序编写与修改

ChatGPT 有很强的编写程序的能力，包括以下几方面。

代码生成：ChatGPT 可以通过与用户的对话，根据用户提供的需求和规范，自动生成程序代码。例如，用户可以描述一个问题或需求，然后 ChatGPT 可以根据用户的描述生成相应的代码，从而帮助用户快速生成程序的框架或基本结构。

代码修复和调试：ChatGPT 可以通过与用户的对话，根据用户提供的错误信息或异常情况，自动检测和修复程序代码中的错误或 bug。例如，用户可以描述一个程序的运行问题，然后 ChatGPT 可以根据用户的描述，识别出可能的问题并提供修复建议，从而帮助用户快速解决程序中的问题。

代码重构和优化：ChatGPT 可以通过与用户的对话，根据用户提供的代码片段或程序结构，进行代码重构和优化。例如，用户可以描述一个复杂的代码段或函数，然后 ChatGPT 可以根据用户的描述，提供代码重构或优化建议，从而帮助用户改进代码的性能、可读性或可维护性。

代码审查和评估：ChatGPT 可以通过与用户的对话，对程序代码进行审查和评估，根据用户提供的标准或规则，检查代码的质量、安全性或合规性，并提供改进建议。例如，用户可以描述一个代码库或代码片段，然后 ChatGPT 可以根据用户的描述，对代码进行审查，并给出评估报告和改进建议。

例如：输入“用 JAVA 语言写一份冒泡排序的代码”，ChatGPT 的输出结果如图 3-6 所示。

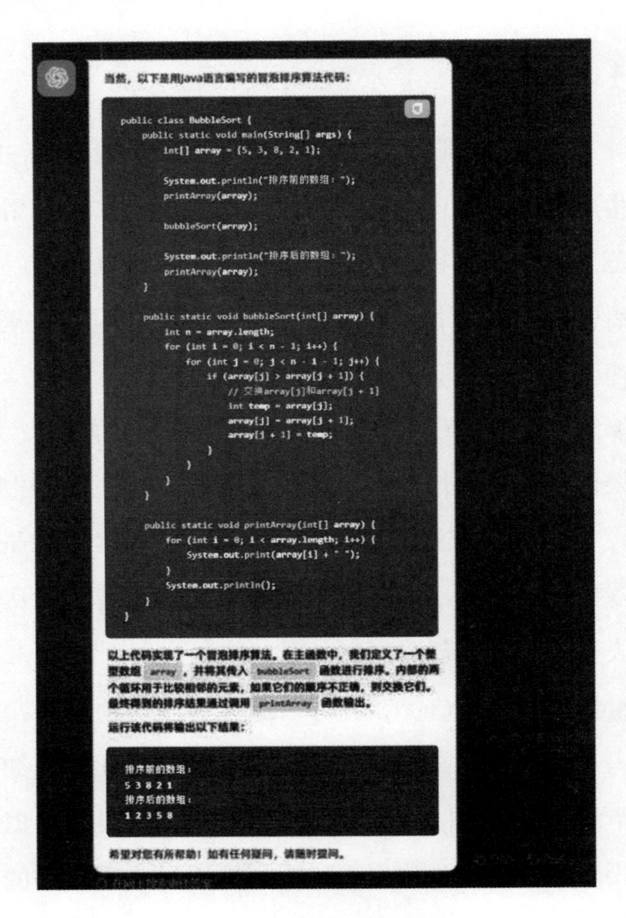

图 3-6　ChatGPT 的输出结果 4

通过与用户进行对话和交互，ChatGPT 可以根据用户的需求和规范，自动生成、修复或优化程序代码，从而提高编程的效率和质量。需要注意的是，尽管 ChatGPT 可以提供代码生成和修改的建议，但最终的决策和代码的质量还应由开发人员进行验证和审查。

3.4.5　使用案例：文章写作

ChatGPT 具有极强的文章写作能力，包括以下几个方面。

文章生成：ChatGPT 可以通过与用户的对话，根据用户提供的命题或主题，自动生成文章内容。例如，用户可以描述一个主题或提供一个命题，然后 ChatGPT 可以根据用户的描述生成相关的文章段落、结构和语法，从而帮助用户快速生成文章的草稿或初稿。

文章修改和润色：ChatGPT 可以通过与用户的对话，根据用户提供的文章内容，进行文章的修改和润色。例如，用户可以上传一个已经写好的文章，然后 ChatGPT 可以根据用户的要求，对文章进行语法、拼写、标点等方面的检查和修改，提供润色和改进建议，从而帮助用户提升文章的质量和可读性。

文章评估和评分：ChatGPT 可以通过与用户的对话，对文章进行评估和评分，根据用户提供的评价标准或评分规则，对文章的内容、结构、语法等方面进行评估，并给出相应的评分和反馈。例如，用户可以上传一个文章，然后 ChatGPT 可以根据用户的要求，对文章进行评估，并提供评价报告和改进建议。

文章创意和灵感生成：ChatGPT 可以通过与用户的对话，提供文章创意和灵感的生成。例如，用户可以描述一个写作任务或提供一个写作要求，然后 ChatGPT 可以根据用户的描述，提供文章创意、标题、段落结构等方面的建议，从而帮助用户拓展写作思路和创作灵感。

例如：输入"以春天为作文题目，写一篇不少于 200 字的作文”，ChatGPT 的输出结果如图 3-7 所示。

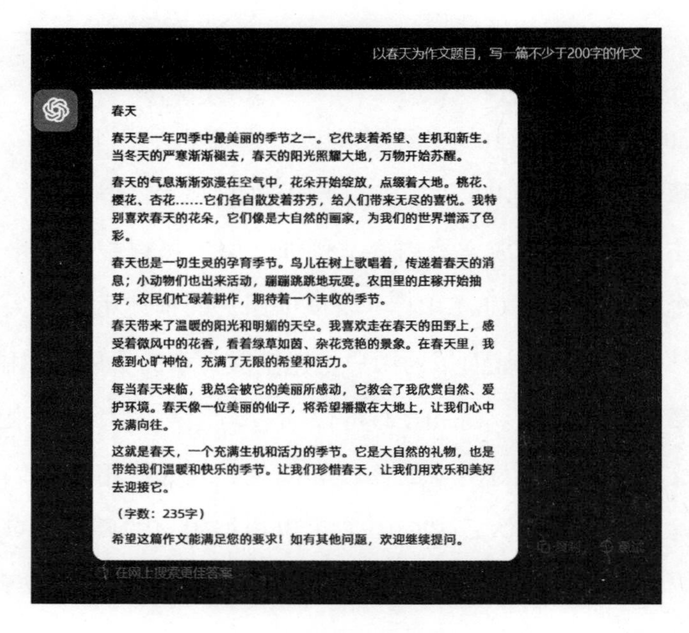

图 3-7　ChatGPT 的输出结果 5

通过与用户进行对话和交互，ChatGPT 可以根据用户的需求和规范，生成、修改或评估文章内容，从而提高写作的效率和质量。需要注意的是，尽管 ChatGPT 可以提供文章的生成和修改建议，但最终的文章质量还应由作者进行审查和编辑。

第四章 Midjourney——解放设计师的 AI 自动绘画应用

在当今的数字化时代，艺术和技术的结合正在创造出无限的可能性。其中，人工智能技术在艺术创作领域起到了革命性的作用。Midjourney 作为一款创新的 AI 绘画软件，正以其独特而令人振奋的特点和功能，展开这一艺术与技术的崭新篇章。

此外，Midjourney 还鼓励用户间的交流和分享，建立了一个艺术社区和分享平台，使用户可以相互启发、合作和互动。Midjourney 的概述正代表着艺术与技术相结合的新时代，为每个创作者提供了广阔的创作空间和深远的艺术成就。跟随 Midjourney，开启你的艺术之旅，探索艺术的边界，创造出独属于你的艺术奇迹。Midjourney 官方网站首页如图 4-1 所示。

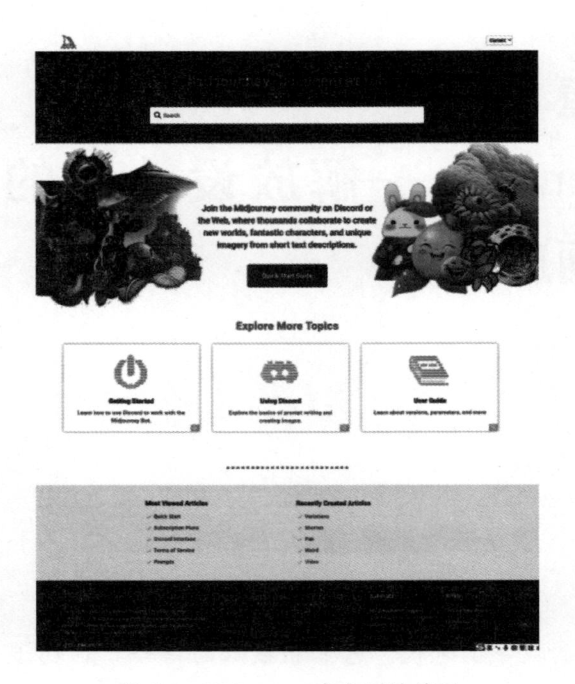

图 4-1 Midjourney 官方网站首页

4.1 Midjourney：AIGC 想象级应用

Midjourney 不仅令人惊叹于其多样化的艺术风格，还为用户提供了个性化和创新性的绘画体验。通过强大的学习能力和智能化算法，Midjourney 能够模仿不同的艺术风格，满足不同用户的创作需求，同时也能够帮助用户学习和发展自己的绘画技巧。这款软件还提供了用户友好的界面和丰富多样的绘画工具，让用户可以随心所欲地进行绘画和编辑，创作出属于自己独一无二的艺术作品。

4.1.1 Midjourney 的核心技术

Midjourney 的技术原理基于深度学习和计算机视觉技术。下面是它采用的主要技术。

深度学习：Midjourney 使用深度神经网络模型作为其核心技术。深度学习是一种机器学习方法，它利用多个神经层来学习输入数据的抽象特征。通过在大量的艺术作品和图像数据集上进行训练，深度学习模型可以学习到艺术风格、图像结构和纹理等视觉特征。

神经网络架构：Midjourney 使用先进的神经网络架构，如卷积神经网络（CNN）和生成对抗网络（GAN）。CNN 可以有效地提取图像中的特征，并用于风格识别和特征提取。GAN 是一种由生成器和判别器组成的网络，它们通过相互竞争来生成逼真的艺术作品。

数据集和训练方法：Midjourney 使用大量的艺术作品和图像数据集作为训练样本。这些数据集涵盖了各种艺术家的作品和不同风格的图像。通过训练模型来学习艺术家的风格和技巧，使模型能够生成具有相似风格的艺术作品。训练过程通常涉及对网络参数进行优化，以便最大限度地减小生成作品与真实艺术作品之间的差距。

图像生成和优化：一旦模型经过训练，Midjourney 就可以利用生成器网络来生成图像和艺术作品。生成器通过对输入图像进行加工和变换来产生具有所需艺术风格的输出图像。生成的图像可以通过不断优化和调整参数来提高其质量和逼真度。

Midjourney 使用深度学习和计算机视觉技术，通过训练神经网络模型来学习艺术家的风格和技巧，然后利用生成器网络生成具有所需风格的艺术作品。这种技术原理使得 Midjourney 能够通过人工智能的方式创作出令人惊叹的绘画作品。

4.1.2 Midjourney 的用途

Midjourney 作为人工智能绘画软件具有广泛的应用用途，包括以下几方面。

艺术创作与设计：作为辅助工具，Midjourney 可以为艺术家、插画师和设计师提供创作灵感。它可以自动生成各种风格的绘画作品，帮助用户探索不同的创意和艺术表达方式。艺术家可以使用 Midjourney 来创作独特的艺术作品，设计师可以利用它来提供概念草图和设计原型。

广告与营销：Midjourney 可用于广告和营销领域。它可以生成精美的图像和插图，为广告宣传、品牌标识和产品展示提供视觉效果。广告公司和市场营销团队可以利用 Midjourney 来创建吸引人的视觉内容，增加品牌曝光和用户互动。

教育与研究：Midjourney 可以作为教育工具用于艺术教育和研究领域。它可以帮助学生和教师更好地理解和学习不同的艺术风格和技巧。学生可以使用 Midjourney 来练习绘画、探索艺术历史和发展自己的创造力。研究人员可以利用 Midjourney 来研究艺术趋势和风格演变，并进行艺术创作和创新的探索。

创意娱乐与社交媒体：Midjourney 可用于创意娱乐和社交媒体。用户可以通过 Midjourney 生成有趣、艺术化的图像来增加娱乐价值。他们可以在社交媒体上分享生成的艺术作品，展示自己的艺术才华和与他人交流，从而得到更多的关注和互动。

Midjourney 的出现，不仅为艺术界带来了一丝新的创意与活力，也让普通人能够轻松参与到艺术创作的乐趣之中。相信随着技术的不断进步和完善，Midjourney 将会在未来成为更多创作者的得力助手，为艺术世界带来更多的惊喜和挑战。

4.1.3　Midjourney 的特点

Midjourney 作为一款人工智能绘画软件，拥有许多独特的特点，让它在艺术创作领域脱颖而出。

创作指导：Midjourney 能够通过智能分析和学习，为艺术家们提供创作指导。它可以分析用户的绘画风格和技法，给出针对性的建议和改进方案，帮助艺术家们提升作品的质量和表现力。

多样化风格：Midjourney 具备多种绘画风格的模拟能力。无论是油画、水彩、素描还是其他艺术风格，Midjourney 都可以模拟和还原，使用户能够轻松地在不同风格间切换和尝试，拓宽创作的可能性。

如图 4-2 所示是 Midjourney 按照用户输入的指令生成的绘画作品，指令包含“男人、素描、欧美”等核心关键词。

图 4-2　Midjourney 自动生成不同风格的绘画作品

轻松上手：Midjourney 设计简洁，界面友好，操作简单，使得使用者可以轻松上手。无论是绘画新手还是有经验的专业画家，都能够迅速掌握软件的使用方法，享受绘画的乐趣。

Midjourney 的用户界面采用直观的布局，各个功能模块和工具选项被合理地分组和排列，Midjourney 的用户界面可分为六个区域，包含：①服务器列表；②频道列表；③频道导航栏；④内容显示界面；⑤指令输入栏；⑥成员列表。其用户界面如图 4-3 所示。

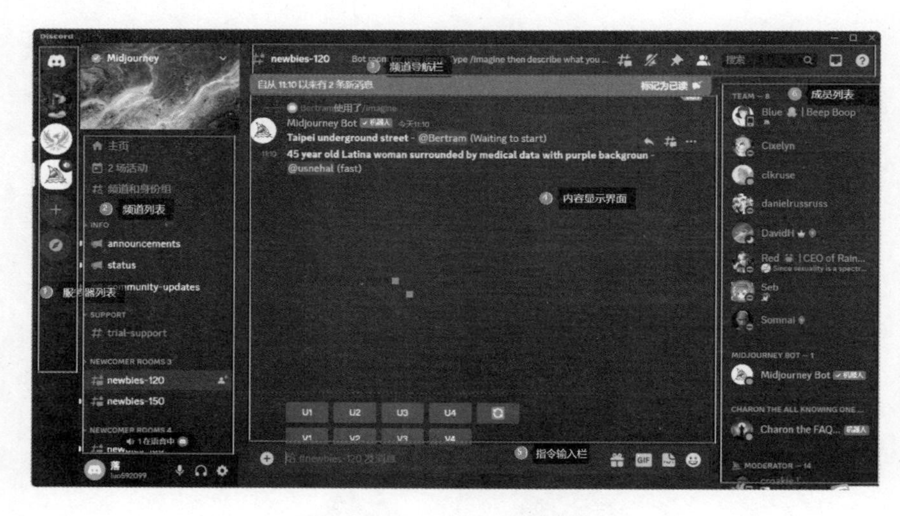

图 4-3　Midjourney 用户界面

Midjourney 允许用户以其喜好和需求进行界面的自定义设置。用户可以调整界面的主题、颜色和布局，选择适合个人喜好和工作习惯的界面样式，创造出自己独特的创作环境，如图 4-4 所示。

Midjourney 提供即时的预览功能，使用户能够在绘画过程中实时查看其作品的变化和效果。这样，用户可以根据需要及时调整和修改，保持对绘画过程的直观感知和掌控。Midjourney 支持常用的快捷

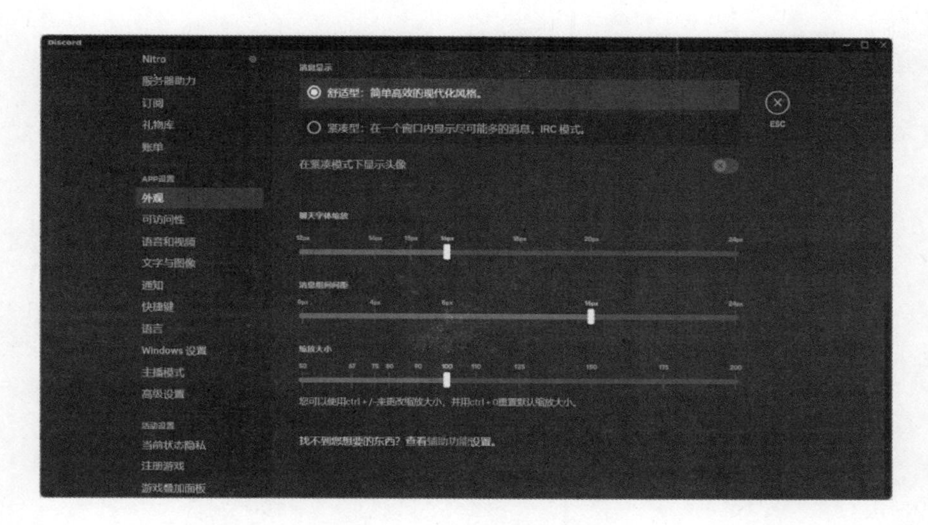

图 4-4 可自定义的界面

键和手势操作，提供了更高效的操作方式。用户可以通过快捷键进行常用功能的快速访问，也可以使用手势操作来实现特定的功能，如双指捏合进行缩放、手势滑动进行画布移动等。

Midjourney 在关键时刻为用户提供上下文菜单和工具提示，以帮助用户快速找到和了解不熟悉的功能和工具。这些提示和菜单会在用户需要时自动弹出，提供相关的选项和说明，方便用户进行更深入的操作。

创意激发：Midjourney 能够通过智能算法生成创意素材，给用户带来灵感的火花。它可以根据用户的需求生成各种元素和构图建议，帮助用户打破传统思维限制，激发无限创意。

如图 4-5 所示，《太空歌剧院》是游戏设计师杰森 · 艾伦（Jason Allen）的绘画作品，该幅画作是 Allen 使用 Midjourney 生成，再经 Photoshop 润色而来的。

图 4-5　使用 Midjourney 绘制成的《太空歌剧院》

社区互动：Midjourney 拥有一个活跃的社区，艺术家们可以在其中分享自己的作品、技巧和经验。这个社区不仅可以帮助用户相互交流和学习，还能够激发更多的创作灵感。

Midjourney 的社区 Discord 的界面如图 4-6 所示。

图 4-6　Midjourney 的社区 Discord 的界面

总的来说，Midjourney 以其创新的功能和用户友好的界面，为艺术家们提供了一个全新的创作平台，帮助他们实现更高的艺术成就。无论是初学者还是专业画家，Midjourney 都将成为他们不可或缺的艺术助手。

4.2　Midjourney 的用户

Midjourney 的用户，除了大量的创意设计人群，还包含精细化要求更高领域的工作者，如工业设计领域，另外还有大量的 NFT 从业者，也需要这样降本增效的工具。还有大量的个人爱好者，对 Midjourney 充满了好奇心。

4.2.1　创意设计从业者

创意设计从业者是一个很大的群体，渗透各行各业：①小 B 端，包括产品（如玩具、墙纸等）设计师，图片（网站、广告、PPT、Logo、插图等）设计师，游戏（游戏场景、角色、道具）设计师以及自媒体创作者等等；②企业端，Midjourney 可服务广告公司、影视公司、品牌的广告创意部门等，来满足对于艺术效果图有大量需求的客户。

Midjourney 生成的图片可以显著地提高创意设计人群的工作效率。目前 Discord（聊天软件，是一家游戏聊天应用与社区；Midjourney 是 Discord 里的一款应用）的用户中专业设计师占比达 30%~40%，包括 Nike、Adidas、New Balance 等公司的设计师。根据用户调研结果，Midjourney 主要被应用于早期设计工作，帮助设计师激发灵感，快速测试想法，并迭代图片。用户表示，设计品牌始终在寻找设计新方法和新工具以提高工作效率，对于 Midjourney 的付费意愿非常强。

4.2.2 工业设计行业从业者

Midjourney 也进入了工业设计等精细化要求较高的领域，如建筑设计。目前 Instagram 上有许多建筑师分享文生图作品，有超过 72000 个帖子被标记为 #Midjourneyarchitecture。

在工作中，建筑师使用 Midjourney 在项目的最初阶段创建情绪版（mood board）。目前 Midjourney 生成的图像仅能作为草图，用来激发灵感。建筑师将这些草图翻译成图纸，并建模和进行结构分析，开发出 3D 模型后，建筑师会再将图像反馈给 Midjourney，进一步迭代建筑图纸。不过近期发布的 ControlNet 将会进一步深入设计工作流。

4.2.3 NFT 从业者

NFT 从业者是指那些在非同质化代币（Non-Fungible Token，简称 NFT）市场和领域从事相关工作的人。NFT 从业者可以利用软件的多样化风格和智能创意引擎来创作和设计 NFT 艺术品。他们可以通过 Midjourney 提供的绘画功能，将自己的创意转化为数字艺术品，然后以 NFT 的形式发布在区块链市场上进行交易。

NFT 从业者在使用 Midjourney 时，可以尝试不同的绘画风格和技法，创作出与众不同的艺术作品，以吸引更多的 NFT 爱好者和收藏家。他们可以借助 Midjourney 的智能算法生成独特的创作灵感，并利用软件的调整工具对作品进行色彩和细节的精细调整，以达到更高的艺术质量。

此外，NFT 从业者还可以利用 Midjourney 提供的社区平台，在其中展示自己的作品、与其他从业者交流经验和技巧。这种社区交流可以促进 NFT 从业者之间的合作和学习，丰富 NFT 创作的多样性和创新性。作为 Midjourney 的用户之一，NFT 从业者可以借助该软件的功能和特点，创作出独特的 NFT 艺术品，为 NFT 市场带来更多的创意和作品，并与其他从业者共同推动 NFT 领域的发展。

4.2.4 个人爱好者

个人爱好者可以通过该软件实现以下目标和享受以下体验。

创作乐趣：Midjourney 提供了简单易用的绘画工具和界面，使个人爱好者能够轻松地进行绘画创作。无论是想要表达自己的情感、绘制风景，还是尝试不同的艺术风格，Midjourney 都可以满足他们的创作需求，让他们享受绘画带来的乐趣和满足感。

创意激发：Midjourney 的智能创意引擎可以帮助个人爱好者在创作过程中获得灵感和创意的激发。通过输入关键词或风格要求，软件可以生成与之相关的创作元素和构图建议，帮助个人爱好者突破创作的思维限制，开拓新的艺术思路。

学习和进步：Midjourney 提供了丰富的学习资源和社区交流平台，个人爱好者可以在其中学习绘画技巧、探索不同的绘画风格，并与其他爱好者分享经验和作品。这种交流和学习可以帮助个人爱好者不断进步，提升绘画水平和艺术素养。

创作展示：Midjourney 的社区平台为个人爱好者提供了一个展示自己作品的舞台，如图 4-6 所示。他们可以在社区中与其他爱好者分享自己的创作成果，获得反馈和鼓励，进一步激发创作的动力和热情。

4.3 使用 Midjourney 实现创意

4.3.1 Midjourney 的使用

使用 Midjourney 人工智能绘画软件可以按照以下步骤进行。

1）登录/注册：首先，您可以访问 Discord 的官方网站 https://discord.com/download，从中下载 Discord 社区平台的客户端。注册一个新的 Discord 账号可通过该客户端完成。需要注意的是，如果您在国内，下载 Discord 可能需要使用到一些额外的软件（如 Steam++）并进行加速才能完成注册。页面如图 4-7 所示。

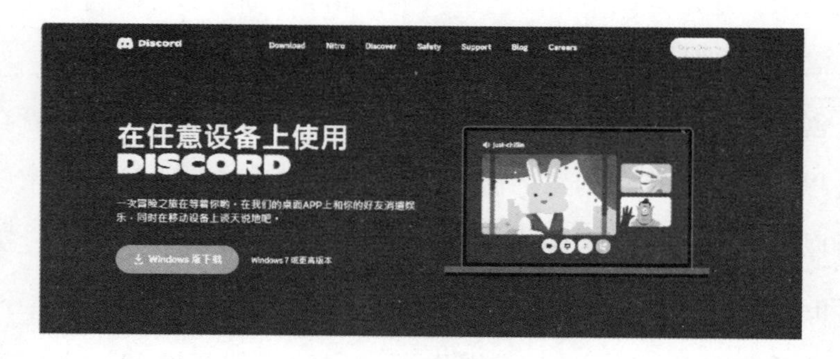

图 4-7 Discord 的官方下载网站页面展示

2）选择 Midjourney 频道：在进入 Discord 后，您可以通过左侧菜单栏轻松选择 Midjourney 频道，进入这个频道之后，在频道的侧边栏有各种各样的公开房间，您可以选择进入其中一个房间，在公开的房间，您可以看到别人在做什么，别人也可以知道您在干什么，并且也可以加入其他用户创建的房间，以扩展您的交流和参与范围。名为 newbies-120 的房间页面如图 4-8 所示。

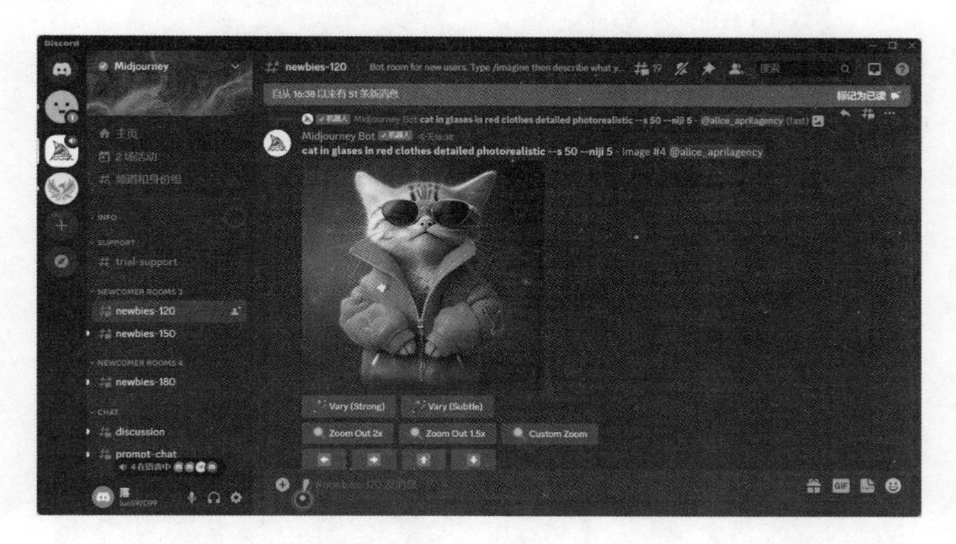

图 4-8　名为 newbies-120 的房间页面

3）**创建自己的频道：**在公开的房间，您能看到别人发布的消息，别人也能看到您发布的消息，信息过于嘈杂。您可以创建自己的频道。单击左侧边栏的“+”号，选择“亲自创建”，跳转后选择“仅供我和我的朋友使用”，输入服务器名称，完成创建个人服务器，如图 4-9 所示。

回到 Midjourney 频道，点击右上角人物图标，找到 Midjourney Bot 机器人，双击“添加服务器”，在下拉列表中选择刚刚建立的服务器，单击“继续”并授权，将个人频道加入 Midjourney，如图 4-10 所示。

图 4-9　创建个人服务器

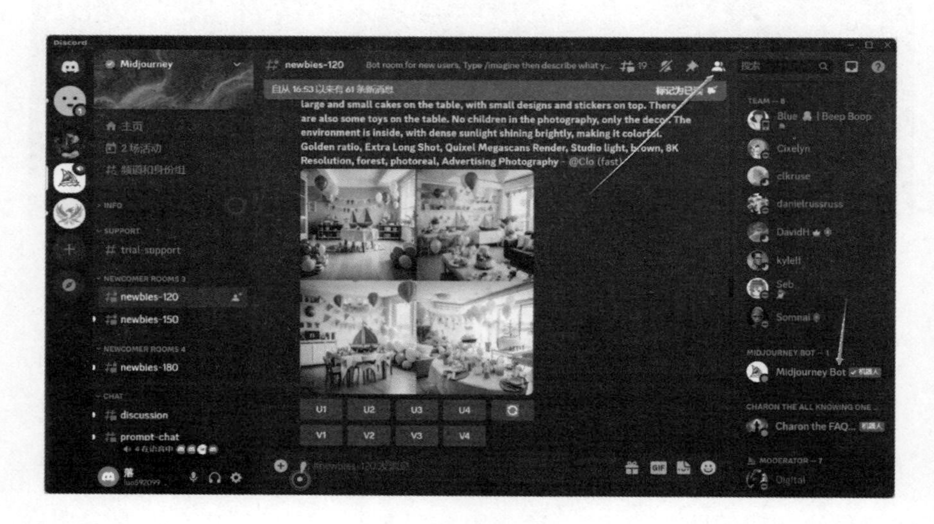

图 4-10　创建个人频道

4）输入指令生成作品：创建好自己的频道后，就可以生成自己的作品了。在对话框中输入“/”，调出 image 指令（Prompt）输入框，输入您的指令，Midjourney 就会自动生成图片了。如图 4-11 所示是根据指令生成的具有科幻感的图片。Prompt：The robot is typing in front of the computer. Outside the window is a bustling city night scene. The whole scene is very, sci-fi and wants to remove plants

图 4-11　根据指令自动生成的图片作品

4.3.2　自动生成绘画作品

Midjourney 作为一款创新的人工智能绘画软件，激发着绘画界的未来变革。其引人注目的特点之一就是能够自动生成逼真的绘画作品，给用户带来惊喜和震撼。通过利用强大的智能算法和先进的机器学习模型，Midjourney 能够模拟不同绘画风格的纹理、颜色和光影效果，从而创造出栩栩如生的绘画作品。

当用户选择自动生成绘画作品的功能后，Midjourney 开始展现其神奇的技术能力。用户可以输入关键词或选择特定的风格，比如以画猫为例，可以使用“民族风”“数位板”“水彩画”等来生成不同风格的猫，如图 4-12 所示。软件会迅速分析这些信息，并根据用户的要求进行一系列的计算和推理。接下来，Midjourney 开始进行创作，通过智能算法的迭代和训练，将用户的需求转化为绘画作品的细节和元素。

图 4-12　Midjourney 生成不同风格的猫图片

在绘画生成的过程中，Midjourney 会模拟绘画师的思维和手笔，注入艺术感知，并以务求逼真的方式呈现画面效果。每一笔、每一种色彩的选择，都是经过精心计算和优化的结果。如图 4-13 所示，当这幅模仿徐悲鸿画法的星空绘画作品呈现出来时，用户会惊叹于其令人难以置信的真实感和细腻度。作品的细节和色彩丰富度，如同一幅真实的绘画作品。

图 4-13　模仿徐悲鸿画法的星空图片

Midjourney 自动生成绘画作品的功能，不仅为用户提供了便利和创作灵感，也给了非专业画家和艺术爱好者展示创意的机会。用户可以分享这些逼真的绘画作品给朋友、发布在社交媒体上，甚至可以将其用于印刷品、装饰品等。

总之，Midjourney 以其强大的技术和逼真的绘画作品生成能力，让人们重新审视绘画界的发展。它不仅为用户提供全新的创作体验和创意灵感，也为艺术领域的交流和发展带来了新的机遇。

4.3.3 模仿不同艺术家的风格和技巧

Midjourney 作为一款引领绘画艺术技术的人工智能软件，具备模仿不同艺术家的风格和技巧的功能，为用户打开了一扇通往无限创作可能性的大门。通过强大的智能算法和机器学习模型，Midjourney 能够准确地模拟出著名艺术家的绘画风格，使用户能够尽情体验艺术家们的独特魅力。

如图 4-14 所示为模仿梵高（左）和毕加索（右）风格的向日葵图片。

图 4-14　模仿梵高（左）和毕加索（右）风格的向日葵展示

在使用 Midjourney 进行风格模仿时，用户可以选择自己感兴趣的艺术家，比如梵高、毕加索、莫奈等，或者选择某一特定的绘画风格，如印象派、表现主义、立体主义等。通过输入艺术家的名字或选择具体风格，Midjourney 会迅速分析并理解这些风格的特征和技巧。

一旦用户确定了艺术家或风格，Midjourney 开始运用其强大的模型和算法，将用户的创作与所选艺术家的风格相结合。软件会深入研究该艺术家的绘画作品，分析其线条、色彩、笔触等关键元素，并根据用户的输入或创作进行个性化调整。

通过模仿艺术家的风格和技巧，Midjourney 可以产生出令人惊叹的绘画作品。用户会发现，绘画中的每一笔、每一个色彩选择，都沉浸在艺术家特有的创作风格中。无论是梵高的明亮色彩和浓重笔触，还是毕加索的立体主义形态和几何结构，Midjourney 都能以高度逼真的方式还原独特的艺术风格。

这项功能不仅满足了用户对于不同艺术风格的欣赏，也为用户提供了学习和实践的机会。用户可以通过模仿大师的艺术风格，体验艺术家的创作过程、技巧和审美观点。在这个过程中，用户不仅可以提升自己的绘画技能，还能深入理解不同风格的绘画思维和表现方式。

总结而言，Midjourney 作为一款能够模仿不同艺术家的风格和技巧的人工智能软件，为用户提供了沉浸式的艺术体验。它不仅帮助用户创作具有艺术家特色的作品，还为用户打开了学习和探索艺术世界的新视角。无论是艺术爱好者还是专业画家，都能通过 Midjourney 激发创作灵感，并将其艺术才华推向新的高度。

4.3.4 Midjourney 的指令和使用技巧

Midjourney 是一款功能强大的人工智能绘画软件，内置了多种实用工具和功能，帮助用户在创作过程中实现更多可能。对 Midjourney

的主要指令和使用技巧介绍如下。

垫图： 用文字指令生成图的随机性很大，如果我们想生成特定分割或者个人专属的图片，比如“个人头像”“街拍图”“产品实拍图”等等，可以用垫图的方式来实现。所谓的垫图就是给一些样板图让 MidJourney 来参考，或者是基于这些图片去进行改造，具体操作是：在对话框中单击“+”号按钮上传 PNG 或 JPG 格式的图片，鼠标右击选择复制图片链接，在对话框中输入“/”调出“image”指令，在对话框中粘贴图片链接，按“空格”键输入下一张图片，输入完成后再次按“空格”键，输入你想要对这张图片应用的指令即可。按这样的方式，生成的图片和输入的图片风格是一致的。使用垫图方式生成图片如图 4-15 所示。

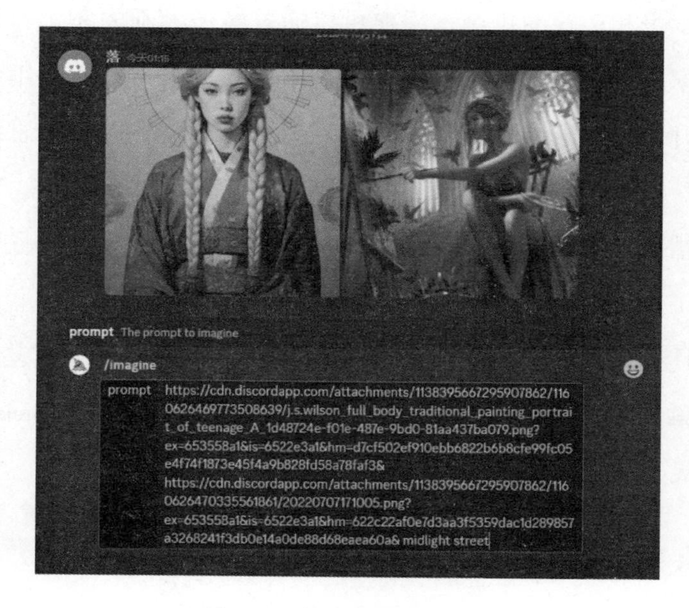

图 4-15　使用垫图生成图片

Blend：Blend 其实和垫图的原理类似，就是上传多张图片，将其进行混合，生成一张全新的图。图片数量上支持上传 2~5 张图片，区别在于 Blend 模式下只支持上传图片，不支持再添加文字指令，操作方式就是用“/”调出“blend”指令，上传 2~5 张你想混合生成的图片即可，使用 Blend 方式生成的图片如图 4-16 所示。

图 4-16 使用 Blend 方式生成的图片

Remix 微调：不管是用 Prompt 文字指令直接生成的图片，还是使用垫图方式生成的多个版本的图片之间的变化是不受我们控制的，如果我们想进一步修改这张图，如改变人物的发色、光线等细节，可以用 Remix 指令来进行微调。操作方法是在对话框中输入“/”调出“settings”指令，按〈Enter〉键打开 Remix 模式，在生成的图片下面单击“MakeVariations”命令，可以修改 Prompt 关键词，对图片进行微调，通过不断微调来实现最终想要的效果。Remix 模式下修改关键词如图 4-17 所示。

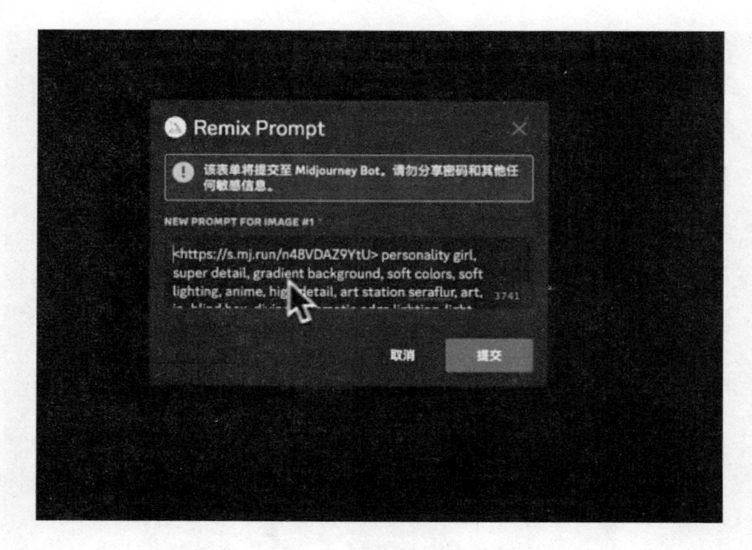

图 4-17　Remix 模式下修改关键词

Seed 种子：Seed 是一种让生成的图保持一贯性的方法，如果用户经过各种调试生成了一个作品，很喜欢这个作品的风格，那么用户可以用这张图的种子编号来生成其他类似分割的效果图。可以用 Seed 功能来绘制动漫的分镜或者构筑有故事情节的画作。具体操作是：首先生成一张想要的风格的图片，在“add reaction”中选择“envelope”选项，然后 Midjourney 就会生成这张图片的 Seed 号码，再生成其他同样风格的图时，加上 Seed 号码这个属性即可。应用 Seed 种子编号的图片生成相同风格的图片，如图 4-18 所示。

图 4-18　应用 Seed 种子编号生成相同风格的图片

Describe 以图生文：当看到别人生成的绝美的图片，想要知道是用什么样的 Prompt 语句生成的，用 Midjourney 的 Describe 功能就可以。简单来说就是把图交给 Midjourney，让它回溯出生成图片用的 Prompt 语句。使用“/”调出“describe”指令，上传图片，单击 Enter 按钮，即可生成 4 组关于这张图片的 Prompt 语句，可以参考这些 Prompt 语句生成类似的图片。Describe 方式以图生文如图 4-19 所示。

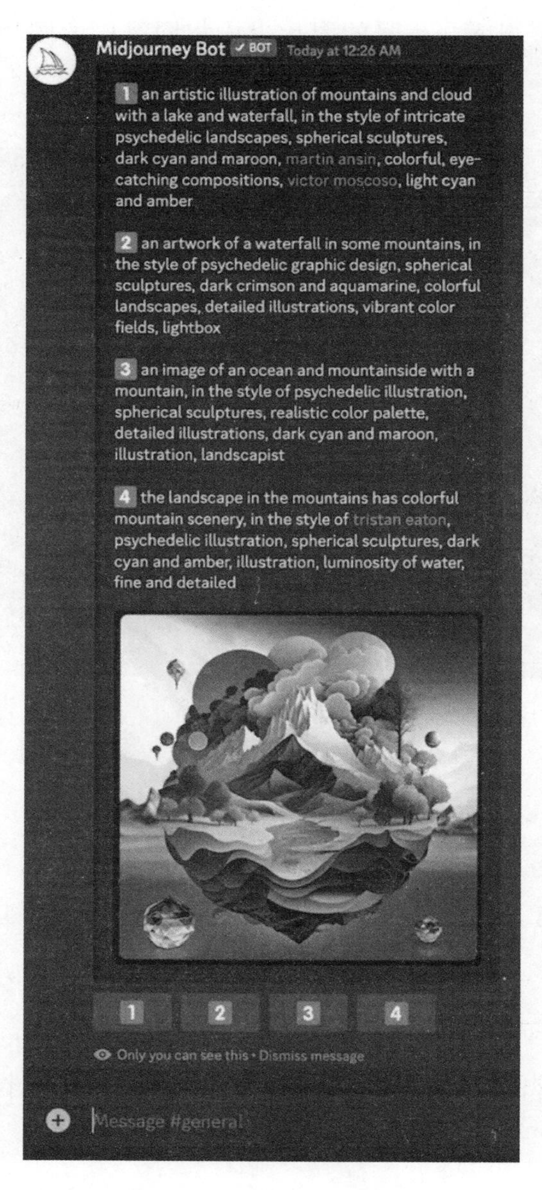

图 4-19　Describe 方式以图生文

4.4　Midjourney 未来展望

4.4.1　人工智能绘画的前景

人工智能绘画作为一种创新的艺术形式，具有广阔的前景和潜力，将在未来持续影响并改变艺术的面貌。以下是人工智能绘画的几个可能的前景。

创造出新颖而独特的艺术风格：人工智能绘画具备强大的学习和模仿能力，可以分析和理解各种艺术家的风格和技巧。通过深度学习和生成模型，人工智能绘画可以生成令人惊艳的全新艺术风格。这种创新的风格将为艺术创作带来新的可能，并推动艺术家们探索和发展自己独特的创作语言。

艺术与科技的结合：人工智能绘画将艺术与科技完美结合，探索艺术创作与计算机视觉、机器学习等先进技术的融合。这种融合将为艺术家们提供更加丰富和多样化的创作工具和媒介，推动艺术界创新和发展。

个性化和定制化的艺术作品：人工智能绘画可以根据用户的个人喜好和需求，生成个性化和定制化的艺术作品。通过用户的选择和输入，人工智能系统可以根据用户的喜好、风格和主题生成独特且符合用户期望的艺术作品。这将为普通用户提供一种全新的与艺术互动的方式，让每个人都可以成为艺术创作的参与者和享受者。

艺术教育与创作学习的革新：人工智能绘画可以在艺术教育和

创作学习中发挥重要作用。通过模拟著名艺术家的风格和技巧，人工智能绘画可以帮助学习者更好地理解和掌握绘画技巧，并激发他们的创作灵感。这将为艺术教育和创作学习带来新的可能性和机会，推动艺术教育的创新和发展。

人工智能绘画不仅扩展了艺术创作的边界，也为广大用户提供了更多与艺术互动的方式。通过创新的艺术风格、个性化的艺术作品、革新的艺术教育和创作学习，人工智能绘画将为艺术领域带来新的变革和机遇。

4.4.2 Midjourney 的发展计划

Midjourney 作为一款人工智能绘画软件，旨在持续改进和提升用户体验，拓展其功能和应用领域。以下是 Midjourney 的一些发展计划。

功能增强和创新：我们将不断致力于提升 Midjourney 的功能和创新能力。通过持续的研发和技术改进，为用户提供更多有用且具有创意的绘画工具和功能，满足不同用户的需求，并提供更多创作的可能性。

支持更多平台和设备：将 Midjourney 扩展到更多的平台和设备上，包括不同的操作系统和移动设备。这样，用户可以在不同的设备上无缝地使用 Midjourney，享受到一致的绘画体验。

与其他软件和平台集成：与其他相关软件和平台进行合作，实现 Midjourney 与其他艺术创作工具和内容分享平台的无缝集成。这将为用户提供更为便捷的工作流程和更广泛的资源共享，为艺术家们提供更多展示和交流的机会。

增强的智能学习和推荐：通过提升 Midjourney 的智能学习和推荐算法，将为用户提供更加个性化的绘画体验。系统可以根据用户的偏好和历史创作，自动为其推荐相关的工具、样式和技巧，帮助用户不断发展和提高自己的绘画技能。

用户反馈和参与：非常重视用户的反馈和意见，积极与用户互动，了解他们对 Midjourney 的使用体验和需求。通过持续的用户调查和用户测试，将深入了解用户需求，以便更好地满足他们的期望和提供更好的产品体验。

第五章
voice. ai ——提供海量的 AI 语音

语音技术作为人工智能领域的重要应用之一，正不断推动着语音识别和语音合成技术的发展。**voice. ai** 作为一种先进的语音 AI 应用，为用户提供了多达 3000 余种不同的 AI 语音选项，为语音应用场景带来了全新的体验和可能性。voice. ai 的声线库首页如图 5-1 所示。

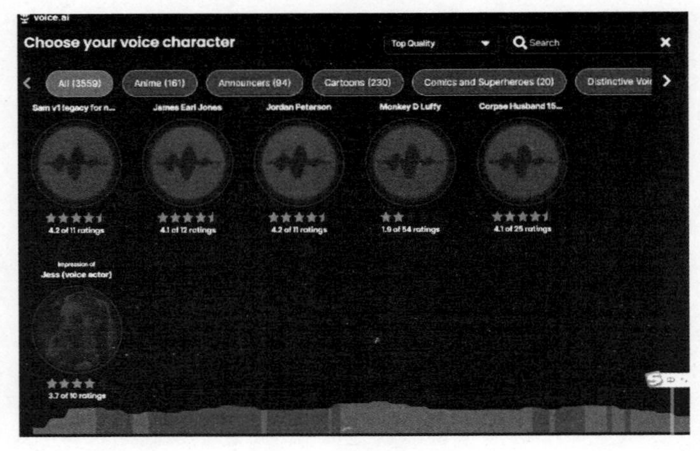

图 5-1　voice. ai 的声线库

voice. ai 的语音合成技术通过**深度学习算法**和**大量的语音数据训练**，可以生成高质量、自然流畅的语音合成音频。用户可以通过简单的输入文本，选择合适的语音样式和语速，即可生成符合需求的语音输出，包括男声、女声、年龄、语言、情感等多种不同属性的语音。这使得语音应用领域在语音广播、虚拟助手、语音导航、语音广告等方面具有了更加丰富和多样化的选择。

voice. ai 的语音合成技术不仅具有高度的语音质量和自然度，还具有高度的定制化和灵活性。用户可以根据不同场景和需求，灵活调整语音合成的参数，以实现更加符合特定场景和目标用户的语音输出效果。此外，voice. ai 还提供了丰富的语音样式库和语音效果库，用户可以根据需要选择合适的语音样式和效果，从而进一步丰富语音应用的表现形式和用户体验。

voice. ai 的语音合成技术在不同领域的应用前景广阔，包括广告营销、虚拟助手、智能客服、在线教育、游戏等多个领域（如图 5-2 所示）。通过 voice. ai 提供的**丰富语音选择**和**高质量语音合成技术**，用户可以在语音应用中实现更加个性化和优质的用户体验，为语音交互和语音应用的发展带来了新的机遇和可能性。

图 5-2 voice. ai 应用领域

5.1 voice. ai：生成任何你想要的声音

voice. ai 是一家人工智能（AI）公司，专注于语音识别技术和语音相关的应用。其提供语音识别、语音合成、自然语言处理和语音情感识别等技术和解决方案，用于各种应用场景，包括语音助手、智能客服、语音识别软件、语音分析和情感识别等领域。

voice. ai 致力于推动语音技术的发展和应用，提供创新的语音识别和语音合成解决方案，帮助企业和开发者将语音技术应用于他们的产品和服务中，提升用户体验、改善语音交互和语音数据分析等应用场景的效果。

5.1.1 voice. ai 的用途

voice. ai 的用途包括但不限于以下几个方面。

语音助手： voice. ai 的语音识别技术可以用于构建智能语音助手，例如智能语音助手、语音导航等，帮助用户实现语音指令控制、语音搜索、语音交互等功能。

智能客服： voice. ai 的语音识别和情感识别技术可以应用于智能客服系统，实现语音客户服务、自动语音应答、情感识别等功能，提升客户服务体验和效率。

语音识别软件： voice. ai 提供语音识别软件开发工具包（SDK），可嵌入到各种应用中，实现语音识别功能，例如语音输入、语音命令、语音搜索等。

语音分析：voice. ai 的语音分析技术可以用于对语音数据进行分析，例如语音情感分析、语音情绪识别、语音语义分析等，可以应用于市场调研、声学分析、用户情感分析等领域。

语音合成：voice. ai 的语音合成技术可以将文字转换为自然流利的语音，应用于语音播报、有声读物、语音广告等场景。

此外，voice. ai 的语音技术还可以应用于其他领域，例如语音识别辅助设备、语音交互界面、语音数据分析和挖掘等。具体用途和应用场景会根据不同的需求和行业而有所不同。

5.1.2　voice. ai 的核心技术

voice. ai 的核心技术主要包括以下几个方面。

语音识别技术：voice. ai 采用先进的语音识别技术，通过对语音信号进行分析、处理和模型训练，实现将语音数据转换成文字的能力。这包括声学模型、语言模型、声学特征提取、语音分割、噪声抑制等技术。

情感识别技术：voice. ai 的语音技术还包括情感识别，通过对语音中的情感信息进行分析，识别出语音中蕴含的情感状态，如高兴、悲伤、愤怒等，从而实现对语音情感的识别和分析。

语音合成技术：voice. ai 采用先进的语音合成技术，通过将文字转换成自然流利的语音，生成可以用于语音播报、有声读物、语音广告等场景的语音内容。这包括文本转语音合成（TTS）技术、语音合成引擎、声音合成参数调整等技术。

语音分析技术：voice. ai 的语音技术还包括语音分析，通过对语音数据进行挖掘、分析和处理，提取其中的语音特征、情感信息、语义内容等，从而实现对语音数据的深入分析和应用。

深度学习技术：voice. ai 采用了深度学习技术，如卷积神经网络（CNN）、循环神经网络（RNN）、长短时记忆网络（LSTM）等，用于对语音数据的建模、特征提取、情感识别、语音合成等任务中。

以上是 voice. ai 的一些核心技术，这些技术的结合应用，使得 voice. ai 在语音识别、情感识别、语音合成、语音分析等领域具有先进的技术优势。

5.1.3 voice. ai 的特点

voice. ai 具有以下几个特点。

高度自动化：voice. ai 采用先进的语音识别和语音合成技术，实现高度自动化的语音数据处理，无须人工干预，提高了效率并节省了时间和人力成本。

多语言支持：voice. ai 支持多种语言的语音识别和语音合成，包括但不限于英语、中文、日语、法语、德语、西班牙语等，能够满足全球范围内不同语种的语音处理需求。

情感识别能力：voice. ai 具备情感识别技术，能够识别语音中的情感信息，如高兴、悲伤、愤怒等，从而实现对语音情感的分析和应用，适用于情感分析、情感识别等应用场景。

高质量语音合成：voice. ai 采用先进的语音合成技术，生成自然流利的语音，具有较高的语音合成质量，可以用于语音广告、有声读物、语音导航等场景，提供更加真实、自然的语音体验。

可定制性：voice. ai 提供了可定制的语音识别和语音合成模型，可以根据用户的需求进行定制化配置，满足不同行业、场景的语音处理需求。

灵活性： voice. ai 提供了丰富的 API 接口和 SDK，支持在不同平台和设备上集成和应用，包括移动设备、智能音箱、智能家居等，具有较强的灵活性和扩展性。

以上是 voice. ai 的一些特点，使其在语音处理领域具有先进的技术能力和广泛的应用潜力。

5. 2 voice. ai 的使用场景

5. 2. 1 游戏领域

voice. ai 在游戏领域具有多种应用场景，包括但不限于以下几点。

游戏角色语音识别： voice. ai 可以用于游戏中的角色语音识别，通过识别玩家的语音指令或对话内容，实现与游戏角色的互动。例如，玩家可以通过语音指令控制游戏角色移动、攻击、使用道具等，从而提供更加沉浸式的游戏体验。

游戏语音交流工具： voice. ai 可以作为游戏内的语音交流工具，实现玩家之间的实时语音通讯。这可以使玩家在游戏中进行团队合作、策略协调等更加方便和高效，提升游戏的社交性和协同性。

游戏语音导航： voice. ai 可以用于游戏中的语音导航功能，通过语音合成技术，为玩家提供游戏中的提示、指引和引导，帮助玩家更好地理解和掌握游戏的规则、任务和操作方式。

游戏语音助手：voice. ai 可以作为游戏中的语音助手，向玩家提供游戏过程中的建议、提示、帮助等，从而提升游戏的可玩性和用户体验。

游戏语音评论和评价：voice. ai 可以用于游戏中的语音评论和评价功能，通过语音识别技术，识别玩家对游戏的评价和评论，从而帮助游戏开发者了解玩家的反馈和意见，进行游戏改进和优化。

voice. ai 在游戏领域中的应用不仅可以提供更加智能化和便捷的游戏操作方式，还可以增强游戏角色的语音表现和游戏情感的传达，从而提升游戏的娱乐性、互动性和体验性。

5.2.2 影视领域

在影视领域，voice. ai 可以应用于以下几个使用场景。

语音识别字幕：voice. ai 可以通过语音识别技术，将电影、电视剧等影视作品中的对话内容自动转换为字幕。这可以帮助听障人士或不懂原始语言的观众更好地理解和欣赏影视作品。

影视配音：voice. ai 可以利用语音合成技术，为影视作品中的角色自动生成配音。这可以用于影视作品的本地化、多语言版本制作等场景，节省配音工作的时间和人力成本。

影视剧本创作：voice. ai 可以通过语音识别技术，将编剧、导演等创作人员的语音记录自动转换为文字，从而方便剧本的创作和编辑工作。

影视后期制作：voice. ai 可以用于影视后期制作中的语音编辑工作，例如对对白、音效、音乐等进行剪辑和混音。这可以提高后期制作的效率和质量。

影视剧集管理：voice. ai 可以通过语音识别技术，对影视剧集中的语音内容进行索引和管理，从而方便剧集的检索、分类和整理工作。

voice. ai 在影视领域中的应用中，可以提供更加智能化和高效的语音处理方式，不仅可以提升影视作品的无障碍观影体验，还可以增加声音设计的创意和情感表现的精准度，为影视制作带来更多的创新和可能性。

5.2.3　音乐领域

在音乐领域，voice. ai 可以应用于以下几个使用场景。

歌词生成：voice. ai 可以通过语音识别技术，将歌手的演唱录音自动转换为歌词，从而帮助音乐创作人员快速生成歌曲的歌词内容。

曲谱生成：voice. ai 可以通过语音识别技术，将音乐家的演奏录音自动转换为曲谱，从而帮助音乐创作人员记录和整理原创音乐作品。

乐曲翻译：voice. ai 可以利用语音识别技术，将一种语言中的歌词或歌曲演唱自动翻译成另一种语言，从而方便音乐制作人员在多语言音乐创作和翻唱方面的应用。

音乐制作后期处理：voice. ai 可以用于音乐制作的后期处理工作，例如对声音的编辑、混音、剪辑等。通过语音识别技术，可以提高音乐制作的效率和质量。

音乐学习与教育：voice. ai 可以应用于音乐学习与教育领域，例如通过语音识别技术，对学生的音乐演奏进行评估和指导，从而帮助学生改善音乐技能和表演能力。

此外，voice. ai 还可以应用于音乐领域中的音乐情感识别技术。通过分析音乐作品中的声音特征、情感表现等，可以提供音乐情感分析和情感引导的功能，帮助音乐创作和演绎更好地传达音乐作品的情感和情绪。

voice. ai 在音乐领域中的应用可以为音乐创作和制作带来更多的创新和可能性，提供智能化的语音处理方式，使音乐作品更加丰富多样，从而提升音乐作品的质量和创作效率。

5.2.4 其他领域

voice. ai 作为一种语音技术，在其他领域也有着广泛的应用场景。例如，在智能家居领域，voice. ai 可以用于语音控制家居设备，如智能灯光、智能家电、智能安防等。用户可以通过语音指令控制家居设备的开关、调节亮度、温度等，实现智能化的家居控制，提升生活的便捷性和舒适度。

在智能客服领域，voice. ai 可以通过语音识别和语音合成技术，实现智能语音助理、语音客服等功能。用户可以通过语音与客服进行交流和咨询，得到更加便捷和自然的用户体验。

在智能交通领域，voice. ai 可以用于语音识别和语音导航。驾驶员可以通过语音指令控制车辆导航、调整音乐、发送消息等操作，避免分散注意力，提高驾驶安全性。

在医疗领域，voice. ai 可以用于医疗语音识别、医疗语音合成等应用。医生和医护人员可以通过语音输入病历、医嘱等，提高医疗记录的准确性和效率。

总之，voice. ai 作为一种语音技术，不仅在游戏、影视、音乐领域有应用，还在智能家居、客服、交通、医疗等其他领域有着广泛的应用场景，为这些领域提供更加智能化和便捷化的语音处理解决方案。

5.3 使用 voice. ai 实现智能音频

5.3.1 获取账户及软件

如果想获取 voice. ai 的账号和软件，可以按照以下步骤进行。

1）访问 voice. ai 的官方网站（https://www. voice. ai/）。

2）在官网上查找并点击" Sign In"" Get Started"或类似的按钮，进入登录界面以创建一个新的账号，如图 5-3 所示。

图 5-3 voice. ai 登录界面示意图 1

3）根据网站上的指引，填写必要的信息，如电子邮件地址、密码等，完成账号注册过程。

4）一旦您的账号注册成功，您可以登录到 voice. ai 平台。

5）在登录后，您可以浏览 voice. ai 平台上提供的各种语音识别技术和解决方案，并根据您的需求选择合适的软件或服务。

6）根据平台上的指引，您可以选择购买、订阅或试用 voice. ai 的产品或服务，如图 5-4 所示。

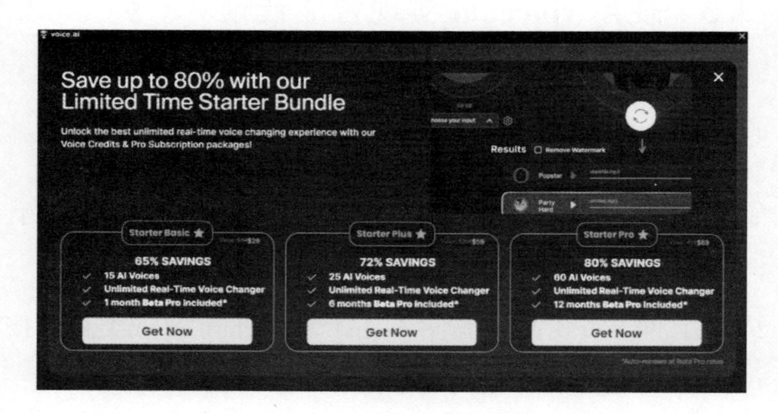

图 5-4　voice. ai 登录界面示意图 2

7）完成购买或订阅过程后，您可以根据平台提供的下载或安装指引，获取 voice. ai 的软件或服务，并开始使用。voice. ai 的使用界面如图 5-5 所示。

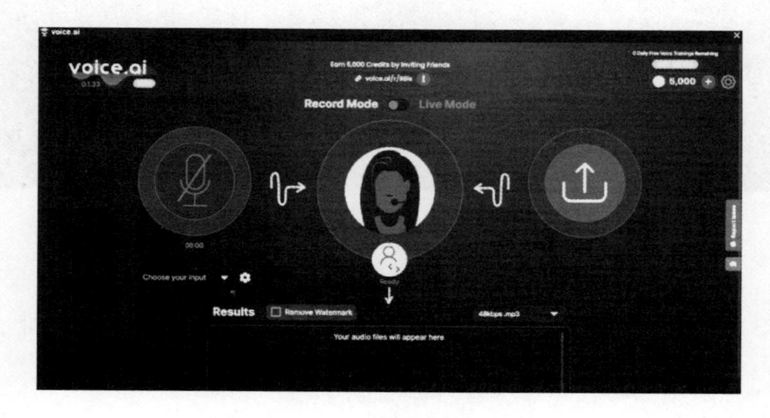

图 5-5　voice. ai 的使用界面

需注意的是，voice. ai 的具体产品和解决方案可能会有不同的订购流程和付费方式，具体情况可能会因产品版本、地区和合同条款等而有所不同。因此，建议您在使用 voice. ai 平台时仔细阅读并遵循其提供的购买和使用指引，或联系他们的客户支持团队以获取详细的账号和软件获取方式。

5. 3. 2 使用 voice. ai 实现 AI 音频克隆

voice. ai 致力于实现 AI 音频克隆，即通过模型生成高质量的音频内容，包括人声合成、语音情感识别、声音生成等领域。以下是 voice. ai 实现 AI 音频克隆的过程通常需要以下步骤。

首先，准备好自己的声音文件，可以在 PC 或手机上录音。录音的时候，周围环境要安静，不能有噪声，也不要有其他背景声音。录制的音频不要太长，也不要太短，要在 2 秒 ~ 10 秒之间。一段音频最好就只录制一段话。声音的情绪尽量稳定，以说话的语调为主，不要有“嗯”“啊”“哈”之类的语气词。可以提前准备好 10 句以上的话，然后照着念。声音录制好后，如果是 mp3 格式，需要通过格式工厂等格式转换软件将 mp3 格式转换成 Wav 格式，选择语言和分类进行后进行保存即可。生成的音频数据可能需要经过后期处理与优化，以提升其音质、流畅性和自然度。这可能包括声音平滑、音频混响、语音合成等技术的应用，以获得更加真实、逼真的音频效果。voice. ai 克隆音频的界面如图 5-6 所示。

通过使用 voice. ai 的 AI 音频克隆技术，可以实现高质量、高度个性化的音频内容，从而拓展了语音应用的可能性。无论是商业应用还是个人娱乐，voice. ai 的技术都为用户提供了丰富的语音解决方案，为语音科技的发展和创新注入了新的活力。

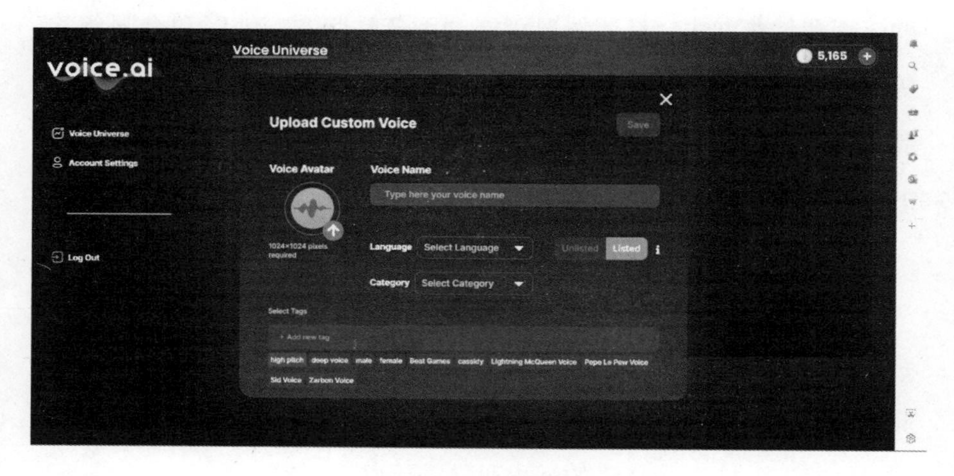

图 5-6　voice. ai 克隆音频

第六章
AIGC+：全面赋能创意产业

对于很多人而言，对AIGC的印象大都来自于百度的文心一言、OpanAI的ChatGPT这类对话AI，或者Midjourney这种AI绘图工具。2023年的上半年，几乎全网各个短视频平台里都充斥着关于ChatGPT的应用解读、变革机会分析、颠覆预言等等，大众对于AIGC的热衷和参与热情似乎超过了之前的VR、AR、数字货币，但大众能参与的范畴非常有限，有时候你能看到来自朋友圈的AI对话段子，有时候，又是对AIGC相关新闻的热辣点评。

慢慢地，人们越来越注意到，AIGC还可以创造很多有趣的事情，比如模仿孙燕姿唱歌、自动制作3D短视频等等，甚至已经有很多游戏公司、影视工作室宣布将在AIGC领域里深耕探索AIGC产业化的落地策略。

在诸多创意驱动的领域，AI确实具备天然的生产力优势：它们的思考方式可以培养，它们的工作效率非常高，它们不会灵感枯竭，它们任劳任怨，它们在持续进步……

但 AIGC 真正要对社会生产变革性的影响，还需要上游企业持续完善各类应用场景所需的关键基础建设。如何对 AI 框架和规则进行深度改良使其具备某种具体的生产力，如何根据细分行业的特点打造细分场景的标准化产品，如何培养大批熟练使用个性化 AI 产品的交互人员，如何在技术上实现一个从创作到交付的完整闭环生态，是当下 AIGC 走向产业化亟待解决的难题。

虽然目前 AIGC 在各个行业的应用探索仍处于尝试阶段，但我们不妨大胆预测，AIGC 全面赋能创意产业的未来必将来临。这一章里，我们将尝试从细分产业的视角，去解构 AIGC 在各种场景中的落地思路和商业机会。

6.1 AIGC+游戏

游戏行业是一个多技术领域融合的技术密集型行业，知乎上有一个高赞回答说道："目前人类社会最尖端的半导体工业是由游戏行业的需求所牵引的，最好的 GPU 首先是为了服务于游戏玩家对画质和性能的无尽需求而出现的，最优质的闪存颗粒首先是为了缓解游戏玩家因为读取速度慢而产生的暴躁情绪而出现的"；"目前人类社会最尖端的图形显示技术是由游戏行业的需求所牵引的，当代最先进的游戏引擎在有足够的劳动力投入的前提下，已经初步具备模拟乃至创造一个小型世界的能力了"。

很多热门前卫的概念都来自于游戏领域的产品雏形，或者在游戏行业里得到有效应用，如元宇宙、VR、AR、数字孪生、光追技术、区块链技术等等，当然，AIGC 的出现，也将与游戏行业发生千丝万缕的联系。游戏行业在创意资产生产环节中，与 AIGC 技术结合起来实现降本增效，是目前行业公认的价值命题。

6.1.1　游戏行业简述

当我们回过头来看游戏行业的变化，从 *PONG*（见图 6-1）、《俄罗斯方块》、*Donkey Kong*（见图 6-2）这样的早期游戏产品，到如今的《最终幻想 16》《荒野大镖客》（见图 6-3）、*DOTA2* 等行业典范作品，游戏硬件从最初的 TTL 逻辑电路+7400 系列芯片+CRT 显示器，变成了今天的高性能 GPU+M2 固态存储+4K 显示设备。游戏剧情从马里奥营救女友这样简单的一句话，变成了部分故事背景就可以拍摄成 Netflix 网剧《龙之血》的 DOTA2 剧情。人们对游戏行业的最直观的感受，是游戏的视觉质量，已经从最开始的像素点变成了几乎可以以假乱真的 3D 虚拟世界。

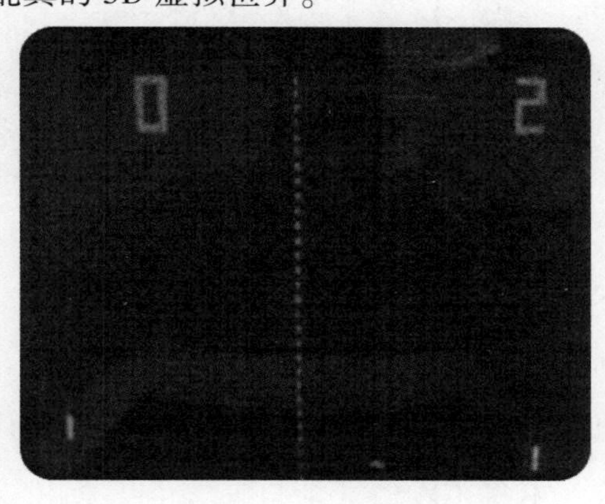

图 6-1　*PONG* 的游戏画面

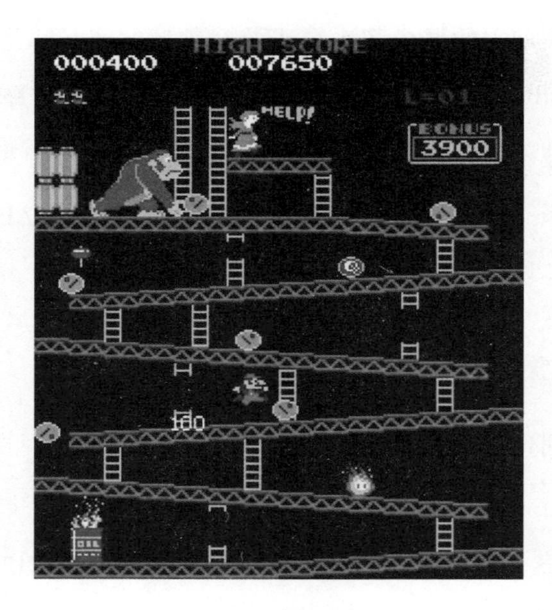

图 6-2 *Donkey Kong* 的游戏画面

图 6-3 《荒野大镖客》游戏画面

游戏行业在视觉创意上的疯狂内卷和快速迭代，催生出了游戏行业的生产特点和分工方式。现在的游戏产业，为了迎合用户日益增长的审美诉求，不得不在游戏项目预算中，拿出一半甚至更高比例的预算用于生产视觉创意资产。

我们可以简单了解下游戏行业的生产特点和分工方式。

游戏行业的岗位一般主要分为产品策划、视觉资源生产、程序实现、游戏宣传与发行、业务服务等类别。

宣传与发行主要从事广告投放、媒体宣发等工作，协助企业将游戏产品宣传推广出去，获得游戏用户；程序实现主要工作为后台开发、用户交互端开发，将游戏做成手机 APP、小程序、网页、PC 客户端程序等形式供用户使用；业务服务的主要工作是客服、运维等，为游戏在云上部署提供技术支撑，为玩家提供服务等。

接下来我们主要说明产品策划和视觉资源生产。

产品策划的主要工作是游戏策划、剧情策划、交互策划、数值策划，将一个游戏的可玩性、盈利点实现出来，其中数值策划是指数学模型的设计与实现，比如游戏中一个英雄的攻击力和防御力的数值应该如何设定比较吻合玩法逻辑，这些数值的变化规律应该呈现什么特点。游戏策划、剧情策划、交互策划主要负责设定玩家将在一个什么样的游戏世界里，通过什么玩法玩游戏，比如是做武侠类还是现代战争类游戏，现代战争类是做第一人称射击，还是做攻城略池策略类游戏。玩家是要互相对抗，还是推进剧情主线，或者逐渐养成某个结果。产品策划这类型工作几乎完全依赖于灵感创作。

视觉资源生产主要是设计和制作各种游戏视觉元素，比如 2D 游戏里会需要人物立绘、场景原画、UI 界面设计、特效设计等岗位来制作游戏角色的具体形象、打斗效果、操作界面，而在 3D 游戏里，还会额外需要 3D 建模来协助制作角色和场景的 3D 模型。视觉资源生产不仅特别依赖灵感创作，更需要消耗大量的人力物力财力。市面上大多数耳熟能详的游戏，基本都需要数十人乃至上百人的视觉团队共同制作。

在这些创意密集型和资源消耗型的环节里，AIGC 能带来的价值，是非常明确的。

6.1.2 游戏行业面临的挑战：艺术创意成本高

众所周知，几乎所有游戏都构建于创意之上，无论从玩法特点、世界观设定，还是剧情走向或关卡变化等，都来自于游戏策划和游戏美术设计等岗位的共同创意。大量不存在于现实世界的创意元素，是构成游戏本身的重要基石。

为了生成构成游戏的这些基石，企业往往需要投入大量的人力、物力、时间、资金等进行创意开发。举个例子，开发一款普通的休闲三消类手机游戏（类似梦幻花园、candycrash 这样的精简版），需要投入至少一两百万的开发费用。开发一款常见的 MOBA 类游戏（即 Multiplayer Online Battle Arena：多人在线战斗竞技场游戏，比较知名的此类游戏有星际、魔兽争霸、DOTALOL 等），开发预算都要往亿元级别去准备，其中为了表现游戏视觉效果而产生的关联成本，几乎占据了游戏开发成本的大部分。此外，市面上诸多知名的 3A 大作，比如：《侠盗猎车 V》系列、《最终幻想 16》系列、《荒野大镖客 2》系列等，开发费用更是十几亿人民币乃至几十亿人民币的费用，开发周期动辄数年。随着视觉效果的精细度提升、功能点的复杂度提升，开发周期和开发成本还会显著增长。

根据业内经验，开发一款游戏的成本，主要就是视觉表现相关的成本和程序实现的成本，其中，视觉表现成本一般会占据最高比例，根据游戏类型不同，最高可以占比到接近 90%左右（如剧情解密类游戏）。近些年来涌现的大量知名 3A 游戏大作［3A，即大量时间（A lot of time）、大量资源（A lot of resources）、大量开支（A lot of money）的意思，泛指高质量高投入的游戏作品］，如：《上古卷轴》系列、《刺客信条》系列、《最终幻想》系列、《赛博朋克 2077》、《艾尔登法环》（见图 6-4）等，均是开发成本上亿美元的作品，并且随着游戏发布年份延期、游戏续集的更新，开发费用呈现快速攀升的趋势。

图 6-4　《艾尔登法环》游戏照

当我们还在为千万级别的开发费用的游戏感到震惊，再到对一则游戏十几亿开发费用的新闻司空见惯，这时间仅仅间隔了 10 年。

如果只看国内上市游戏公司的公开报表，以 2022 年为例，游戏开发投入超过 10 亿元的公司有 8 家，其中腾讯、网易的研发投入超过百亿元，Bilibili、金山软件、完美世界、世纪华通等公司在 11 亿~48 亿元之间。但如果以整个行业的视角来看，目前国内营业范围含有“游戏”的公司约为 37 万家，其中 55. 7%的公司注册资本超过 100 万元。我们很难精准评估真实的游戏公司数量，但可以明确感知到，国内常态化从事游戏开发的公司数以万计，全球可能逾百万计。这么多游戏公司，每年在艺术创意上所投入的成本总和，将是一个惊人的天文数字。

可以说，整个行业都处在游戏制作成本过高的压力中，这是一个行业的痛点。

除了资金的消耗在飞快攀升，游戏开发对时间的消耗也是非常惊人。

如果一个游戏已经完成立项，完成主线剧情设计和关卡、数值的设计，完成开发技术框架的搭建，那对大部分游戏而言，也只是完成了不到一半的游戏开发。我们以 2022 年比较知名的《艾尔登法环》为例，其任何一个人物原型，几乎都需要至少 5 天左右的手绘工作，部分关键人物的细节要求更苛刻，单个角色的手绘可能都要超过 15 天。在整个游戏中，从各种世界场景（如山洞、草原、城堡、河流等），到各种怪物和 BOSS，再到一个道具（如武器、盾牌、卷轴等），总体数量数不胜数，原画工作量也多到内部人员难以胜任。像《艾尔登法环》这样的游戏，需要 5~7 年的制作周期。

对于行业内而言，需要上百人规模的游戏美术外包团队来参与一款游戏的开发，以缩短开发周期并不算什么新闻。国内玩家期待已久的《黑悟空》游戏（见图 6-5、图 6-6）经历了反复的延迟发布和跳票，多次因为逾期发布冲上热搜，我们可以管中窥豹，略见一个游戏大作的开发周期是多么漫长。

图 6-5 《黑悟空》游戏照

图 6-6 《黑悟空》官方宣传图

在游戏开发领域，因项目资金断裂导致项目搁浅的案例比比皆是，每年都在频繁发生着。但就算资金问题得到解决，距离一款优质作品的产生距离还有很远，因为在创意产业里，资金、开发周期、创意水准等因素都是必须要面临的挑战。

在传统方式下运作的游戏开发，可谓是挑战多多。

前顽皮狗技术美术（Technical Art）总监 Andrew Maximov 在网

络上提到过这个观点：如果没有 AI 技术的加持，未来世代的游戏研发几乎没有出路。他在演讲中列举了 PS 主机从第一代到 PS5 的游戏研发成本，到 PS6 问世的时候，按照以往的研发方式，成本可能会至少提高 100 倍。

“可以看到，一款 PS 游戏的研发，已经从 100 万美元飙升到了一亿美元以上，但我们的用户量并没有增加 100 倍，这就意味着你的收入将有越来越高的比例被摊薄到成本上”。

“按照业内常见的分成方式，一款两亿美元制作的游戏（营销费用 5000 万美元）如果定价为 60 美元，那么至少要卖出去 830 万套才能收回成本”。

“且不说达到这个销售数字有多么不切实际，即便是能达到，收支平衡对于游戏研发团队而言又有什么意义？一款游戏的研发周期往往要五六年，如果想要回报，你把研发预算放到银行都比做游戏划算的多！”

在这样的行业现状之下，AIGC 与游戏产业结合起来，实现降本增效，就显得特别有实际意义。

6.1.3 AIGC 赋能游戏行业：降低设计与技术成本

AIGC 目前在游戏行业最广泛的两个探索，一个是语义交互，一个是 AI 制作美术资产。

前者与大家熟知的 ChatGPT 类似，人们可以与语言大模型 AI 进行交互，在游戏开发里的应用场景一般是智能 NPC、AI 客服、AI 生成剧情脚本等环节。

AI 制作美术资产的方式与大家熟知的 Midjourney、Stable

Diffusion类似，通过向AI输入一些提示词，让AI尽可能理解交互者的需求要点，然后AI根据这些要点，自动生成平面图、3D模型、动效甚至是视频，生成的这些素材经过简单的修改将直接用于游戏研发。

我们判断一个AIGC产品是否契合游戏制作，除了AI算法本身，关键要看两点：产品能不能输出通用的标准格式；产品支持的AI交互方式是否简易。

目前市面上很多AIGC产品只能生成JPG、PNG等简单格式，并不支持输出Photoshop、Figma、C4D这类软件平台兼容的标注数据格式。比如AIGC生成的图片往往都不是分层的图片，假设我们得到的是一张象棋图，我们无法对每一个棋子的大小、位置、颜色等进行快速修改，而按照软件平台标准格式下的图片，应该是每个象棋、棋盘等元素都是独立分离的，可以进行单独编辑。

产品支持的AI交互方式是否简易这点比较容易理解。比如，我们要生成一个金属质感的棋盘，上面放着四个棋子，棋子是木头质感的，楚河汉界字样又是魏碑字体，那我们要如何让AI知道我们的需求，是通过输入英文Tag、勾选选项，还是通过代码，或是通过自然语言，这些交互的简易程度和支持信息输入的颗粒度，都是影响AI易用性的关键要素。

因为文本生成这个方向相对简单，我们在讨论AIGC赋能游戏产业的时候，就重点讨论AIGC制作美术资产这个方向。

AIGC绘制2D图像相对成熟，市面上已经涌现出大量的优秀工具，比如Midjourney、Stable diffution、DragGAN等，当前的2D图像生成因为上述问题中的图像不分层、元素不独立等问题，AI生成的

2D 的图像基本都需要二次加工才能使用。

如果是 3D 资产或者动效资产，AI 交付的问题会更多，因为从 2D 变成 3D 之后，需要 AI 考虑更多的因素：模型、贴图、骨骼、动画（关键帧）、光照、阴影、视角等，在加入动效之后，还需要考虑物理特性（如弹力、摩擦力、形变特点等）、光影变化、视角变换、物理定律、路径逻辑合理性等，这些细节要求对于 AI 算法提出了非常大的挑战，目前市面上的 3D 资产乃至动效资产交付方案仍然问题重重，穿模、抖动、物理逻辑 Bug 等问题比较频繁。

目前已经有一些行业里关键的底层技术服务商开始提供自己的 AIGC 解决方案了。

Unity 公司是 3D 内容生产平台的领头羊企业之一，更是游戏研发产业中的关键基础服务提供商，在 2023 年 3 月份，Unity 公司就释放出明确的研发 AIGC 的信号，并在股东信中开辟"Gen-AI"专栏，表述其 AI 发展策略。Unity 未来将在游戏引擎与 AI 结合的命题上发力。2023 年下半年，Unity 公司正式发布了 Unity Muse 创作平台以和 Unity Sentis 引擎。

后续 Unity 公司将如何迭代新的游戏引擎我们不得而知，但我们可以试着期待一些新的功能的出现：AIGC 自动绘图+贴图。AIGC 自动建模。AIGC 动效特效生成，如果这些 AIGC 功能被按照商业化的标准实现出来，那么未来的游戏研发流程乃至立项评估策略都会被颠覆，甚至大量的游戏产业基础岗位都会受到影响，如人物立绘、场景原画、建模、动效设计等岗位。这种影响可能是两方面的，一方面是此类岗位的行业需求量将大大减少，另一方面是这些岗位的工作可能会与 AIGC 工作变成强关联，比如原画师不再作为主要绘画主体，而是负责评审、二次加工 AI 素材。

除了 Unity 公司，在游戏产业里，还有一家不得不提到的关键公司：Epic Games。Epic 公司的虚幻引擎作为大型 3D 游戏的重要研发枢纽，其在游戏开发领域里的地位举足轻重。相信很多关注 AIGC 领域的人，都在 2023 年 3 月份的时候看过 Epic Games 在 GDC2023 上的发布会，会上 Epic 发布了虚幻引擎 5，该版本的新引擎展示出令人惊叹的自动化 3D 人物建模功能。该项功能可以通过扫描人物面部数据，可于几分钟内，在虚幻引擎中生成精细的 3D 人物模型（见图 6-7），这些 3D 模型包含了人物面部表情细节和算法，可以直接用于游戏制作当中。这些功能可能在未来 3D 游戏的研发中降低，对 Blander 和 Zbrush、C4D 这些 3D 制作软件的依赖。虚幻引擎 5 的发布是 AI 与生产力工具结合的一个里程碑事件。

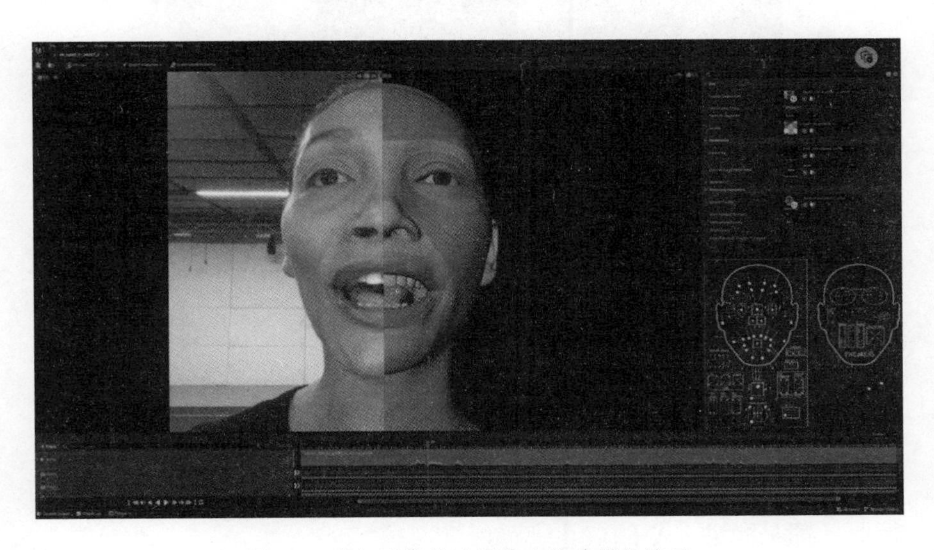

图 6-7　虚幻引擎快速制作人物建模的演示

在 2023 年 4 月 5 日，虚幻引擎 5 正式版已经开放下载，其中包含了更多细节功能，其中一项是毛发质感和眼睛着色器，这个功能让 3D 人物的五官特点更逼真且能自定义，其他诸多功能里，还有一项对于最终消费者的体验也会有质的提升：完全动态的全局光照解决方案。这是一项异常强大的功能，可以实现太阳照射角度随当日时间而改变，直接照射的光和间接照射到 3D 主体上的光，会随着时间、光影空间、动作交互等因素实时变化，这与玩家在游戏中得到的最终光照效果将如出一辙。下图是通过新的虚幻引擎版本做出来的素材，我们可以非常明确地看到，在 AI 的加持下，生成的人物和环境光已经到了真假难辨的程度（见图 6-8）。

图 6-8　虚幻引擎生成的 AI 图像

在我们惊叹 AI 带来的逼真还原时，我们还应当注意到 AI 完成这些工作的效率。这样的交付水准，无论对于游戏行业，还是影视行业，都是激动人心的。

除了这 Unity 和 Epic Games 两大巨头以及图像创作巨头 Midjourney、StabilityAI，我们还可以关注其他公司正在探索的一些方向。

比如 DragGAN、Kaedim、PIFuHD+3D、OpenAI 的 DALL·E、谷歌的 DreamFusion、Meta 的 Make-A-Video、英伟达的 Magic3D、腾讯的 Tencent AI Lab 等。

我们纵观这些 AIGC 产品，可以想象出这样一些新的美术制作方式。首先是 2D AIGC 的工作方式：通过插件或者更新包到 Photoshop、Sketch、Figma、Spin 等工具，实现快速制作素材的能力，工作人员不再需要与原画师沟通详细的需求清单，而是自然语言告诉 AI 自己要什么，然后软件平台就通过 AI 生成一个可以直接二次创作的数据格式的文件，或者是设计师只需要绘制 2D 人物的最终姿势，就可以在 Spin 软件里自动生成人物动作文件。

其次，我们想象一下 3D AIGC 的工作方式。

通过插件、更新包、API 等方式，我们在 Unity、Blander、C4D、3DMax、Zbrush 等软件平台里，可以口述生成 3D 高精模型，涵盖质感、纹理、颜色、光影甚至物理特性等信息，经过技术美术的审核，完成交付验收。

除了解决游戏研发过程中的美术资产成本过高这个痛点，我们还可以利用 AIGC 来生成游戏 CG 短片，用于应用市场上架或者对外发行宣传；利用 AIGC 来实现智能 NPC 的功能，使得 NPC 可以跟玩家自定义对话，完成游戏内指引、答疑、剧情演绎等功能；可以用 AIGC 来完成游戏的其他语言版本翻译，帮助企业快速搭建本地化版本，还可以用 AIGC 来协助游戏音频设计等。

如果 AI 交互人才培训的产业链完整（比如提示词培训、模型训练），AI 资产交易法规完善、AI 资产交易平台成熟，那么，AIGC 将成为一个生态小闭环，游戏行业降本增效的命题，将再上一个新台阶。

最后，我们以网易公开的一些 AIGC 应用技术来了解一下在实际的游戏制作过程中 AIGC 是如何结合的。

语音驱动嘴型动画技术：嘴型和面部表情的制作成本是非常高的，利用 AI 根据语音生成对应的表情及口型大大提高了美术的动画制作效率，也降低了制作成本。在已经上线的《梦幻西游三维版》《时空中的绘旅人》以及《神都夜行录》等都已经采用了这个技术。

风格化头部模型生成：根据一些特征规则和组合部件的方式，先分解五官，再按不同的五官顺序进行组合，最后添加脑壳，使得生成形象符合游戏风格。在和《猎手之王》的合作以及和《故土》的合作中，都使用了这些技术。

面部动捕技术：网易研发了一个轻量级、高精度的人脸关键点追踪系统，对细致表情进行定位。针对眨眼检测、视线跟踪和舌头检测这些，也分别训练了不同的网络进行精准跟踪和捕捉。这样可以大大缩短生成高精度的 3D 模型和表情的成本。

视频动捕：通过 Detection 对人的位置进行了检测和定位，对美术比较关心的，像重心、脚步，还有胯部等多个细节进行自动修正，有助于美术实现的虚拟角色动作更加贴近实际标准。

自动插帧：美术完成一个 1 秒 30 帧的动画，需要很长的时间去制作每一帧素材。现在通过算法，美术只需要做好第一帧和最后一帧，中间的其他帧可以用算法直接插帧进去，达到提升效率的目的。

资源超分：通过对旧的纹理资源的资源超分和去噪处理，升级了游戏资源的纹理。通过运用算法，可以把游戏纹理的精细度大幅提升。

贴图变换：根据真实服饰的图片生成纹理，然后放入 3D 模型，这样策划就可以非常快并且很直观地看到预览效果。

语言交互功能：一个例子是《哈利波特：魔法觉醒》飞行课学习的例子。在游戏中这堂“飞行课”中需要玩家念指定咒语，系统会判断玩家念的咒语是否正确。

平衡性测试：当在修改数值之后，不清楚对整个游戏的平衡性会产生多大影响的时候，也可以通这项技术，模拟测试并将数据反馈给策划。比如说赛车游戏，策划设计的时候会有很多不同的车辆参数以及不同的赛道，那策划也很想知道车辆在这些赛道中的实际表现究竟如何。通过 AI 技术，就可以快速生成赛道和车辆之间不同的组合效果。

以上是部分网易正在使用的 AIGC 技术，可以说对于某些环节的生产效率已经是跨越式提升了。

目前，国内头部大型游戏企业已经纷纷加入 AIGC 应用的探索阵营，我们可以从各种媒体渠道上了解到，大量的上市游戏公司已经迈出了步伐。

完美世界成立 AI 中心，大力研究推行 AI 技术在游戏研发、发行和运营中的各种应用场景，将 AI 技术应用于游戏中的 AI 剧情、AI 绘图、AI 游戏天气系统等方面。

作为从游戏行业起家的上市公司——昆仑万维，提出 All in AIGC 的战略，深耕“昆仑天工”，发力中文大模型底座，也发力 ToB 和 ToC 应用层。

宝通科技使用 AIGC 参与绘画，同时基于 ChatPGT 搭建了翻译系统，提高其他语言版本的翻译效率，节约成本。恺英网络也使用

Midjourney、Stable Diffusion 等 AI 绘画工具生成美术原画和游戏内图标等，也使用 AI 工具参与文本、图像、音频、视频等多种素材的研发。

世纪华通在回答投资者提问时表示，公司以人工智能业务为基础技术应用，在游戏研发等多领域均有一定程度的应用。

巨人网络组建 AI 小组，负责推动 AIGC 在各类业务场景中落地，公司 CFO 在业绩交流会上以征途团队举例，随着 AI 模型的应用，美术人效提升了 5~10 倍。

腾讯 AI LAB 也发布了自研的 3D 游戏场景自动生成解决方案。

中手游公司则宣布其将通过微软 Azure 的 OpenAI 服务，参与虚拟玩家生成、动态 NPC 生成互动、游戏内容创作等环节，强化自身 AIGC 竞争力。在《仙剑世界》的游戏研发中，尝试依靠 AIGC 将预期 8 个月制作周期的 CG 资料片缩短为 6 个月，总成本成降低 10%左右，并在 2023 年度内实现外包成本降低 50%~60%、人员成本支出降低 10%~20%的目标。

AIGC 如何改变万亿产值的游戏行业，相信我们很快会见证。

6.2 AIGC+影视

近些年来，影视行业出现了关于人才流失的困扰，游戏行业高薪挖走影视动漫行业的特效师、原画师等产业人才是屡见不鲜的事情。

究其原因，影视动漫行业作为跟游戏行业有千丝万缕交集的一个行业，在生产流程、从业人员、底层技术上、行业生态上都有着诸多共生的基础。比如很多特效团队，不仅会参与影视特效的外包，也会参与游戏特效的外包。一个动漫插画的原画师，也许另一份工作是二次元游戏的原画师。一个写电影脚本的高手，可能也是写游戏剧情的高手。当虚幻引擎 5.2 版本发布的时候，欢呼的不仅是游戏行业的制作人，也会有影视动漫行业的制作人。很多游戏的 CG 本身就是一个电影小短片。很多影视行业的知名 IP 最后都被改编为游戏，同样，知名的游戏也会被改变成电影。

当 AIGC 的风暴来临之际，AIGC 与影视动漫领域的浪潮，也将被掀起来。那些在游戏行业大放异彩的 AI 工具，尤其是文本、图像、视频、建模类的 AIGC 工具，一样会在影视行业大放异彩。

6.2.1　影视行业简述

从《阿凡提》的黏土 3D 故事到《哪吒》的数字 3D，从《葫芦娃》的剪纸 2D 到《中国奇谭》的数字 3D，从《西游记》的“野生特效”到《封神榜》恢宏绚烂的电影特效，影视行业的视觉特效发展速度也是不容小觑的，这对于创意产品制作的工作量和复杂度提出了更高的要求，未来的影视制作，将越来越倾向于数字化的制作过程。

喜欢游戏、影视和动漫领域的人一定对 CG 这个词不陌生，CG 全称 Computer Graphics，即计算机图形，泛指所有通过计算机制作出来的视觉产品。某种程度上，我们可以认为游戏剧情动画是一个小小的 CG，而电影是一个完整剧情的大 CG。

当我们看完电影，在影片结尾部分，都能看到一长串的字幕，详细罗列了整个电影制作团队的各种职能与相关人员。可以注意到，几乎所有的院线电影都需要上百人参与，一些科幻类、战争类的电影，参与人员名单更是庞杂。可以说，影视行业，都是不仅需要大量创意，更需要投入大量的资源。

影视行业的生产特点，几乎就是剧情创作+视觉制作的内核。我们简单将影视行业的职能分布拆分为导演组、演员组、摄影组、录音组、剪辑组、媒介组、美术组。

导演组主要是选聘演员、规划脚本推进逻辑、指导剧情呈现方式。演员组主要是出演具体角色或者完成替身任务等。摄影组顾名思义，主要是完成各种机位的拍摄任务。录音组主要是完成声音采样、加工，包括配音、混音、曲目等。剪辑组则是按照剧情呈现需求，将拍摄素材进行剪接，对字幕、特效等进行合成。媒介组主要负责行业关联渠道的开发、影片的宣发等。

美术组则是负责完成电影剧情呈现所需要的各种素材和效果，比如电影道具的制作、电影特效画面的制作等。一些鸿篇巨制的特效电影，在美术组的投入上将会占据超过 50%以上的比例。

整部影视作品的制作不仅要消耗大量的资金，也需要花费大量的制作时间。一部电影从开机到杀青，动辄一两年已经是司空见惯的情况。

总体来说，影视行业的特点是：资金门槛高、创意要求高、时间和人力成本高，“三高症状”与游戏行业相比，有过之而无不及。

6.2.2 影视动漫行业面临的挑战：创意与美术的代价高

因为影视、动漫领域细分领域比较多，在此我们就只讨论典型的动画作品。

一般一部作品推出前，会先进入策划案阶段，这个阶段，需要充分考虑人物角色设定、故事主线、剧情剧本、声音特点等要素，然后再深入解构其中一项工作。比如角色设定这项工作，需要把影片中出现的每一个角色形象都定义清晰：人设、样貌、肢体动作特点、服装、出现场景等等，比如《名侦探柯南》中就涉及数百个角色，这些角色会有不同的服装打扮、肢体动作、不同的人物视角，这些都要提前思考清楚。

策划阶段完成后就进入动画内容生产阶段，这个阶段需要根据策划细节绘制 2D 原画或者制作 3D 模型，二维动画一般经过草稿、线稿、上色、补色等环节，完成后再进行合成、渲染、调整前后帧节奏，3D 动画则更复杂一些。在原画的基础上，增加建模、UV 贴图、设定毛发材质纹理等细节效果、设置人物动画、道具动画、灯光动画等。完成以上环节，内容上就初步完成了无声动画片段。

最后，再邀请配音演员，在录音棚中根据剧情和台词脚本完成录音，然后将配音内容匹配到正确的画面帧上，这样一个完整的动画作品基本就成型了。

在上述整个生产阶段，原画是整个项目最大的工作量。我们平时看到的动画实际上是由一个个画面帧连贯组成的，一个角色动作或者场景变化，可能需要绘制上百张原画来合成表现，一个 90 分钟的影视作品，约需要 8 万张原画。这些庞大的工作量，不仅需要消耗巨大的时间成本，更需要投入大量的人力和财力。如果对画面精细程度要求较高，则工作量和投入会再上一个新的台阶。

而如果影视作品里是《流浪地球》《阿凡达》《加勒比海盗》这类主要依赖电影特效创作内容的题材，可以说，其制作成本将会是令人咋舌的程度。比如 2023 年暑期档上映的《封神第一部：朝歌风云》，导演乌尔善表示，该电影三部曲将投入 30 亿人民币进行制作。当然，我们可以在 IMDB 或者维基百科上看到其他的经典电影制作成本，比如《头号玩家》耗资 1.75 亿美元制作，其中超过 1 亿美元花在了特效制作上。《加勒比海盗：惊涛怪浪》，耗资 3.65 亿美元，其中至少 2 亿美元投入到电影特效制作中去。

这样的天价制作成本，将会使大量优秀的作品无法面世，这样的现状显然是不利于行业持续繁荣的。

在这样的背景下，AIGC 出现的意义和作用就很明确了。

影视行业与 AIGC 结合来实现降本增效的逻辑，会与游戏行业的情况存在诸多近似，尤其是 AIGC 能够解决视觉产品生产制作成本过高、周期过长这一痛点，将会激发着行业探索和拥抱新的生产方式。即使在好莱坞这样的地方也全面爆发了 SAG-AFTRA（美国演员工会及广播电视艺人联合工会）和 WGA（美国编剧工会）的万人大罢工（见图 6-9），AIGC 革新影视行业的趋势也将如浪潮般滚滚而来，毕竟，生产力是驱动行业发展的关键要素。

图 6-9　好莱坞爆发的抵制 AI 罢工

6.2.3 AIGC 赋能影视动漫行业：提供创意、降低美术成本

动画制作过程中，有很多非常消耗人力、财力的环节，是可以尝试用 AIGC 的方式来辅助完成的。

比如 2D 动画中，不仅可以使用 AI 绘画协助人物形象设计、场景设计，还可以通过 AIGC 方式完成后续所需的原画工作，甚至包括合成、渲染等工作。这里面可以使用的一些技术，在游戏部分我们已经阐述过，如 Midjourney、Stable Diffusion 等产品。

在 3D 动画中，可以使用 AI 快速完成 3D 建模，经过简单修整后形成最终模型，再使用 AI 工具协助完成毛发、皮肤、纹理、环境光等各种细节。

在影视作品里，人物的 3D 模型往往需要具备丰富的人物面部细节（如表情、五官特点）一直是比较耗费时间和财力的环节，因为面部细节对模型的精细度要求非常的高，制作者不得不在初步的 3D 模型上进行二次深度雕刻。目前 AI 方案中，有之前我们提到过 Epic 公司的虚幻引擎 5.2，可以快速完成这项工作，还有一些其他专门服务人脸模型的 AIGC 方案也值得关注，如 libface detection 、Chillou tMix 、Meta Human 等。

此外，还可以利用文本 AI 协助剧情编写、翻译等。文本生成领域可以使用 ChatGPT、文心一言等，我们还可以期待一下天河天元语言大模型，也许能在某些专业领域提供较好的支持，比如我们在制作一款古风题材的 CG 或者电影，可以利用天河天元 AI 在古籍、国学文化方面的训练结果，得到满意的 AIGC 成果。

查普曼大学（Chapman University）以其电影专业闻名于世，该

校的道奇电影艺术学院位居全美以及世界前列，是全球电影人才的聚集地，属于世界知名的电影学院。该校学生利用 GPT-3 制作了一部新短片：《律师》（见图 6-10）。该片剧本是使用 AI 创作的，这绝对谈得上是一次大胆的尝试。

图 6-10　电影声明了来自于 AI 创作

我们可以利用 AI 工具自动完成模拟配音甚至片尾曲。比如 2023 年全网火热的一个话题就是“AI 孙燕姿”，Bbilibili 网站的 UP 主英泰利（化名）在 B 站发布了诸多 AI 孙燕姿翻唱其他歌曲的内容，其中的声音模拟，高度还原的孙燕姿的音色特点，足以做到以假乱真的程度。实现这样的 AI 声音，其采用的核心技术可能源于 So-VITS-SVC 和 RVC 这些开源项目。

AI 创作完整歌曲作为片尾曲也是有先例的。歌手陈珊妮发布了自己的新歌《教我如何做你的爱人》。这首歌中每一个音调每一个呼吸，包括所有和声都是全 AI 演唱。“演唱者”是她本人训练的 AI 模型，甚至连单曲封面也由 AI 生成。

以上是我们对 AI 赋能影视动漫行业的一些设想，这些设想目前已经在影视行业内存在一些探索实践的案例了。

Aaron Blaise 是一位资深的迪士尼动画大师，在迪士尼工作了 21 年的时间，创作了一些有史以来最伟大的动画片《美女与野兽》《阿拉丁》《狮子王》和《花木兰》等，2003 年更是凭借着《熊的传说》拿下了 2004 年的奥斯卡最佳动画长片奖提名。

Aaron Blaise 也公开表达了对 AI 动画保持开放的态度，他认为 AI 是一项非常强大的技术，可以帮助人们更快速、更高效地完成某些任务。如果使用 AI 的过程有意规避侵犯艺术家未经授权的作品，AI 将成为动画制作过程中的重要工具。

在 2023 年初，美国的 Wonder Dynamics 公司宣布推出了一款叫作 Wonder Studio 的工具，并发布了一段样例视频，这款工具可以将 CG 角色制作动画渲染打光并将其合成到真人场景中，一次性将模型、绑定、动画以及灯光、渲染、后期这些高精度效果实现。两位创始人都是电影和科技的狂热爱好者，他们非常了解电影特效制作的高昂成本，于是就开始研究 AIGC 为开发特效电影降低成本的命题，创始人之一的 Todorovic 说道："我们构建了一些可以自动化整个过程的东西，逐帧实时动画，不需要动作捕捉。它会根据单个摄像机的镜头自动检测演员的位置进行追踪。它可以负责摄像机运动、灯光、颜色，完全用 CG 代替演员。"

虽然 Wonder Studio 还不成熟，但著名导演组合 Russo Brothers（罗素兄弟）已开始将其应用到由 Netflix 推出的新电影《The Electric State》（译名：电幻国度）（见图 6-11、图 6-12）。

图 6-11　电影《The Electric State》（译名：电幻国度）1

图 6-12　电影《The Electric State》（译名：电幻国度）2

6.3 AIGC+广告

广告行业要比动漫影视行业和游戏行业产生得早得多，在人类社会刚刚进入商业社会的时候，也许就开始有广告了。广告是一个非常需要创意驱动的行业，一方面是在广告铺天盖地的商业时代，一则平平无奇的广告是很容易被人遗忘的，而充满创意的广告却能让人过目不忘。另一方面，消费者对于无孔不入的广告是存在抵触情绪的，但如果这个广告是新鲜有趣的，那消费者的态度可能会从抵触变成津津乐道。可以说，广告行业的创意需求，不仅来源于广告商，更来源于受众。

AIGC 能够源源不断地生成创意，AIGC 与广告业的结合，充满了无限可能性。

6.3.1 广告行业简述

传统广告行业一般有三类基本角色：广告商、广告主、广告受众，广告商是制作和发布广告的人，广告主是出钱做广告的品牌方，广告受众就是广大消费者。

首先，品牌方一般会提出广告需求和广告预算，广告商会根据品牌方的要求进行比稿，比稿阶段，创意想法和 Demo 的质量都可能成为胜出关键。

当比稿阶段结束，品牌方会与中意的广告商签约合作。双方会在原先的创意基础上进行深度的讨论和反复的改稿、试稿，最终完成广告交付。

此外，还有商家自行制作广告的情况，比如剪辑制作短视频内容在抖音、快手等短视频平台上进行宣传推广，制作商品内容在小红书等社媒平台上种草，制作广告素材在互联网广告平台上进行获客投放，撰写软文在知乎上进行科普引流等。

当然，还有赞助知名综艺节目、购买传统线下广告位、将广告植入电影中等其他方式，可以说，广告行业是一个超级依赖创意的行业，创意不仅决定着广告质量，也影响着广告实现成本、实现周期等各种要素。

6.3.2 广告行业面临的挑战：广告创意难，实现成本高

要探索 AIGC 在广告行业的应用场景，就需要先明白广告行业里的经典场景和对应痛点是什么。

先看看品牌方、广告商共同完成广告制作的场景，在这种广告生产方式里，经常会面临多种困扰。

创意很抽象，或者需求建议很抽象，双方很难清楚明白对方的具体想法。创意修改过程中，双方需要来回确认，周期长，效率低。创意验证成本高，只能求稳放弃或者硬着头皮试错。想法不错，但是实现广告想法所需要的预算超支，不得不改稿或者换稿。想法不错，但是实现周期不可控，比如拍摄秋冬四季变化，制作周期也会很漫长。

假设品牌方是一个常见的汽车厂商，需要为旗下的一款越野车制作广告宣传片。这时候他们找到一个广告服务商，开始准备制作出广告宣传片。在创意策划阶段，服务商可能提出由某硬派气质的

模特出镜，驾车分别在旷野上飞驰、在沙漠里驰骋、在雪地里穿梭、在溪流中穿越等等场景，做出一些彰显汽车操控性能与越野性能的情景。

这时候要把车分别送到沙漠、雪地、溪流等全国各地的典型地貌中去，再聘请专业的户外摄影团队，这样的实现成本将动辄数十万元，且花费时间也长达数月。

如果签约的模特是知名明星，拍摄时节分别涉及春夏秋冬场景，那么实现这个广告的各项成本极高。

其次，我们看看日常小型商家面临的广告困扰。很多小型卖家或者小型服务商，自身资源有限，并不会长期雇佣专业的广告策划团队和广告制作团队来打造自己的广告，而是通过一些价格低廉的外包设计工作室，将一个简单的广告素材制作出来。

这种情况在很多个体电商卖家和小型发行代理团队中非常常见，他们既需要优质的广告创意来带动推广获客结果，又需要足够低廉的广告成本兼容有限的推广预算，事实是，在 AIGC 出现之前，这确实是一个鱼和熊掌不可兼得的选择。

6.3.3　AIGC 赋能广告行业：提供无限创意与素材

当前的 AI 技术正处于从“概念”到“落地”的阶段，在广告行业，AIGC 如何颠覆主流的广告公司业务流程，还没有明确的迹象，但我们可以提前预判到 AIGC 的一些应用场景，并尝试实践到业务中去。

比如品牌方和广告商在项目沟通的初期，可以利用 AI 快速生成方案 Demo，避免在创意概念模糊阶段消耗大量时间和资源。在后期讨论修改方案时，可以利用 AI 将修改意见实时生成预览 Demo 并再次讨论，这将大大缩短双方在创意讨论过程中的对话周期。

我们也可以利用 AIGC 生成 Slogan，甚至生成广告脚本。

AI 可以协助制作广告内容，比如直接用 Midjourney 来制作淘宝卖家秀，利用虚幻引擎制作 AI 数字人作为广告模特，利用 Promethean AI、Kaedim、PIFuHD+3D 等模拟拍摄内容，利用 Midjourney、Stable Diffusion 等制作图片素材或者短片素材。

AI 还可以通过学习某个声音特点，在训练后自动完成广告配音。

再大胆一些想象，广告公司可以用自己的优秀案例去训练 AI，让 AI 能生产出更吻合行业特点及公司调性的创意方案，在拿到品牌方需求后，广告公司可以高效交付出多个创意方案，在与其他公司竞争过程中占据先机。

广告公司还可以利用对话式 AI，在互联网平台上推出千人千面的个性化广告。比如你告诉 AI 你最近天气很热，打算买新衣服，你喜欢户外运动风格的，然后平台就为你精准推送户外品牌的速干衣广告。

当前广告行业可以选择的工具很多，比如 Midjourney、Stable Diffusion，甚至华为的盘古行业大模型也开始提供广告行业解决方案，其他的一些工具还有 Waymark、Colossyan Creator、OpenAI 的 Point · E、谷歌的 Dream Fusion、Meta 的 Make-A-Video、英伟达的 Magic3D、腾讯的 Tencent AI Lab、Promethean AI、Kaedim，还有 Luma AI、英伟达的 Picasso、MetaAR 部门的 PIFuHD 等，这些产品各有所长，比如 PIFuHD 适合制作对模型精度要求不高的远景元素，Luma AI 适合做第一视角的 3D 场景变换，Keadim 适合制作卡通、Q

萌的元素，具体哪些工具会在持续迭代和改进中成为广告行业的主流工具，让我们拭目以待。

目前市面上已经出现一些优质的 AIGC 广告，几乎都来自于知名厂商。比如可口可乐运用 Stable Diffusion 技术发布的创意广告《Masterpiece》（见图 6-13），让 2D 静态艺术品与 3D 现实世界完美互动，融为一体。这个广告在社交媒体上产生了约 3000 万的播放量，由知名精品 VPX 团队 Electric Theatre Collective 来担任制作方。

图 6-13　可口可乐广告中的女孩

这个 3D 人物的原型来自于艺术家 Stefania Tejada 的《NATURAL ENCOUNTERS》（见图 6-14）。Stefania 在接受采访时表示，广告中扮演从自然中“出走”的女孩的女演员是他曾经画过的模特。

画面中的人物从原本的平面角色变成了 3D 人物，并出现了视角螺旋变化的特点，疑似由 Stable Diffusion 参与完成。

另一支创意广告来自于阿里巴巴旗下的飞猪（见图 6-15、图 6-16）。

图 6-14　可口可乐广告中的女孩原型

图 6-15　飞猪发布的 AIGC 广告海报 1

这个广告创意非常有意思，利用目的地的经典关键词作为输入内容，通过文本转图像的工具生成这样天马行空的画面，既可写实，

图 6-16　飞猪发布的 AIGC 广告海报 2

又可卡通，但都秉承了符号化场景的特点。

在 2023 春季飞书未来无限大会上，飞书也发布了一则由 AI 生成的广告片，其制作方为“W 野狗 AI 同学舱”，这家 AI 公司之前发布过一则短片，主题是一条人格化的狗的多种命运结果，在网络上有一定的传播声量。此次与飞书携手，制作的 AI 广告也颇具天马行空的风格（见图 6-17、图 6-18）。

图 6-17　“W 野狗 AI 同学舱”为飞书创作的 AIGC 广告 1

图 6-18 “W 野狗 AI 同学舱”为飞书创作的 AIGC 广告 2

还有另外一则天马行空的 AIGC 广告，是由数字概念艺术家“土豆人 Tudou_man”创作的“麦麦文物”，虽然不是出自官方合作，但却也带来了大量的曝光和品牌传播。青铜器汉堡、玉石版大薯条、闪着金光的炸鸡等脑洞大开的跨界“新品”（见图 6-19），确实创意满满。

图 6-19 AIGC 生成的“麦麦文物”创意

相信在 AIGC 的加持和广告行业持续的探索尝试下，我们还将看到更多优秀的 AIGC 广告案例，也将看到 AIGC 将如何常态化赋能广告行业。

6.4 AIGC+元宇宙

元宇宙是一个新事物，它代表了现实世界和虚拟世界的融合。元宇宙可以被认为是一个虚拟的数字空间，其中人们可以以各种方式进行互动、交流和体验。它不仅包括虚拟现实和增强现实技术，还涉及人工智能、区块链和物联网等先进技术的应用。

6.4.1 元宇宙行业简述

元宇宙的概念源自科幻作品，如《黑客帝国》和《头号玩家》，但现在已经成为现实中的一个热门话题。在元宇宙中，人们可以通过虚拟形象（也称为“阿凡达”或“数码化自我”）与他人进行交互，参与各种虚拟活动，如社交、工作和娱乐。这为人们创造了一个全新的数字生态系统，超越了传统的线下和线上界限。

元宇宙行业具有广泛的应用领域。在社交方面，人们可以在虚拟空间中与朋友和家人进行互动，共享经历和活动。而在商业领域，元宇宙可以为企业提供虚拟展示和销售场所，以及进行远程办公和合作。此外，元宇宙还为游戏、教育、医疗和艺术等领域带来了创新和改变。

然而，元宇宙行业仍面临一些挑战。技术标准、安全性和隐私问题是其中的重要考虑因素。此外，如何实现元宇宙的互操作性和可持续性，以及在法律和道德方面进行规范和监管，也是亟须解决的问题。

总体而言，元宇宙行业代表了人们对于虚拟、数字世界的探索和渴望。它为我们创造了一个跨越时空和地域的全新平台，促进了人与人、人与技术、人与环境之间的交互和连接。随着技术的不断进步和社会对元宇宙的需求增加，我们可以预见元宇宙行业将继续快速发展，并对我们的日常生活产生深远影响。

6.4.2 元宇宙行业面临的伦理和道德挑战：虚拟行为和虚拟身份

随着元宇宙行业的快速发展，我们进入了一个数字与现实世界融合的新时代。在这个虚拟的数字空间中，人们可以以各种方式进行互动、创造和体验。然而，这种无边界的交互性和虚拟性也带来了许多伦理和道德挑战，特别是在虚拟行为和虚拟身份的领域。

在元宇宙中，个人可以通过自己的虚拟形象参与各种行为和互动。但随之而来的是一系列伦理挑战。虚拟行为可能与现实世界的道德准则产生冲突，虚拟暴力、虚拟盗窃等行为背后所引发的影响可能超出虚拟世界本身。与此同时，通过虚拟身份的塑造和管理，人们可以选择隐藏真实身份和经历，但这也带来了虚假呈现和身份欺诈的伦理问题。

虚拟行为的伦理挑战：在元宇宙中，人们可以通过自己的虚拟形象来进行各种行为和互动。然而，这些虚拟行为有时可能与现实世界的道德准则和规范相冲突。例如，在虚拟环境中展示不端行为、虚拟盗窃或虚拟暴力等行为可能引起伦理问题，这些行为的影响可能会超出虚拟世界本身。

虚拟身份的伦理挑战：在元宇宙中，人们可以塑造和管理自己的虚拟身份。这引发了一系列关于身份的伦理问题。虚拟身份可以是一个完全的虚构，人们可以隐藏真实的身份和经历。这可能导致虚拟世界中的身份欺诈和虚假呈现，使用户产生误导、失望或受伤。

虚拟社交关系的伦理挑战：在元宇宙中建立的虚拟社交关系可能与现实世界的真实关系有所不同。人们可以通过虚拟形象建立关系，但这种关系可能缺乏真实性和深度。虚拟社交关系的伦理挑战涉及诚实与虚假之间的界限，以及如何保持真实和负责任的互动（见图 6-20）。

图 6-20 元宇宙中的虚拟社交关系

6.4.3 AIGC 赋能元宇宙

随着元宇宙的崛起，我们进入了一个无限可能的数字世界。而在这个数字世界中，AIGC 作为一项引人注目的技术，为元宇宙的发展和用户体验注入了新的活力和创造力。

以下是 AIGC 赋能元宇宙的几个方面。

内容创作和生成：AIGC 可以用于生成虚拟世界中的各种内容，例如场景、角色、物体等。借助强大的神经网络模型和大规模的训练数据，它能够创造出逼真、多样化的虚拟元素，加速创作和构建过程。这为元宇宙提供了更丰富、更具创意性的内容和体验。

情感和个性化体验：AIGC 可以分析用户的行为模式、偏好和反馈，并据此生成个性化的虚拟体验。它可以通过情感识别等技术来理解用户的情感状态，从而提供更加贴合用户需求的互动和内容。这使得元宇宙能够为用户创造更加沉浸、个性化的体验。

智能助手和导航：AIGC 可以作为虚拟助手在元宇宙中提供帮助和导航。它可以根据用户的需求和意图，提供实时的信息、建议和指导，使用户更加轻松地探索和参与元宇宙的活动。AIGC 的智能助手功能可以提供智能导航、自动化任务和交互指导，提升用户体验和操作效率。

自动化和效率提升：AIGC 可以帮助实现元宇宙中的自动化任务和流程。它可以执行复杂的计算、决策和处理，从而提高效率和响应速度。例如，在元宇宙的虚拟交易中，AIGC 可以分析市场数据、预测趋势，并自动进行买卖操作，实现智能投资和交易。

综上所述，AIGC 作为一项强大的技术，为元宇宙提供了内容创作、个性化体验、智能助手和自动化等方面的赋能。它能够增强用户的参与感、提升体验质量，并推动元宇宙进一步发展和创新。

6.4.4 AIGC典型应用：制作虚拟人

真人3D数字虚拟人作为元宇宙的基础构成要素，有着非常广阔的应用前景，包括元宇宙会议、文博文旅、大学、线下展厅、影视、游戏娱乐、品牌推广等。

具体到元宇宙中的“人”本身这个层面而言，除了为虚拟人装上“大脑”之外，AIGC还可以在虚拟人的形象绘制、模型生成与构建方面大幅提升制作效率，同时也可以在虚拟人的表情与动作表现的灵活性与真实性，以及声音输出的拟人化等方面带来质的发展。

例如，国际3D引擎巨头Unity表示，对应AI作画，3D引擎可能实现“一句话建模”。

商用级创建元宇宙真人数字虚拟人的优链3D云阵相机，能够一秒拍摄创建，5分钟生成真人3D数字分身，成本只要100元。

一直以来，虚拟人行业在动作捕捉领域的投入和维护成本非常高，仅仅是搭建一个光学动作捕捉棚，需要投入的资金成本都要达到几百万元，这对许多初创型企业而言是极高的投入成本。

而AI动作捕捉技术则能够基于一段拍摄好的视频，实现对视频画面中人物动作的精准识别与复刻，自动生成虚拟人的骨骼动作数据。在此基础上，将该数据赋予到虚拟人的3D模型上，就可以完成虚拟人的动作驱动。

在这个过程中，既不需要昂贵的专业动作捕捉设备，也不需要专门的人员佩戴动捕设备驱动虚拟人，在降低动捕成本的同时提高了动捕效率，一举两得（见图6-21）。

如此来看，AIGC对于元宇宙中“人”的赋能是全方位的。

图 6-21　虚拟人示意图

6.5　AIGC+其他

OpenAI 创始人 Sam Altman 在采访中说道：“AI 是少有的被严重炒作之后，还被严重低估的东西。”

前面我们列举了 AIGC 在若干创意产业里的应用前景，实际上 AIGC+数字艺术、AIGC+在线教育、AIGC+智能硬件都具有广泛前景。AIGC 的运作逻辑决定了其适用于众多业务特点容易建模、并且有大量模型训练素材的行业，比如客服行业、法律咨询、在线问诊等行业。

目前我们能看到 AIGC 在其他行业的成熟应用案例非常有限，当前的华为盘古大模型是一个非常值得关注的 AIGC 工具，我们可以看到盘古实质性地为多个行业进行了技术赋能（见图 6-22），其在气象预报、医药研发、制造质检、电力行业已经产生的诸多实际成果也是非常惊人的。接下来我们可以通过盘古大模型来观察 AIGC+其他行业的发展潜力。

6.5.1　AIGC+医药研发

华为的盘古医药研发大模型与中国科学院上海药物研究所共同训练的药物分子大模型，通过全新深度学习架构和超大规模化合物表征模型训练（17 亿个药物分子的化学结构模型），盘古医药研发大模型已经实现了对小分子化合物的独特信息的深度表征、对靶点蛋白质的计算与匹配，以及对新分子生化属性的预测。这将有助于高效生成药物新分子，在药物优化方面，实现了对筛选后的先导药进行定向优化。

这项技术让先导药的研发周期从数年缩短至数月，研发成本降低 70%，大幅提升新药研发效率（见图 6-23）。不仅如此，盘古医药研发大模型可生成 1 亿个创新的类药物小分子库，其结构新颖性为 99.68%，为发现新药创造了可能性。

依托于这项技术，在 2023 年上半年，西安交通大学第一附属医院的刘冰教授突破性地研发出一款超级抗菌药 Drug X，其有望成为全球近 40 年来首个新靶点、新类别的抗生素。该药物通过靶向微生物类组蛋白 HU，抑制细菌的 DNA 复制达到抗菌效果，是世界上首次发现噬菌体编码靶向细菌类组蛋白 HU 的抑菌抑制剂。

这项成果已经充分力证了 AIGC 在医药行业的变革能力。

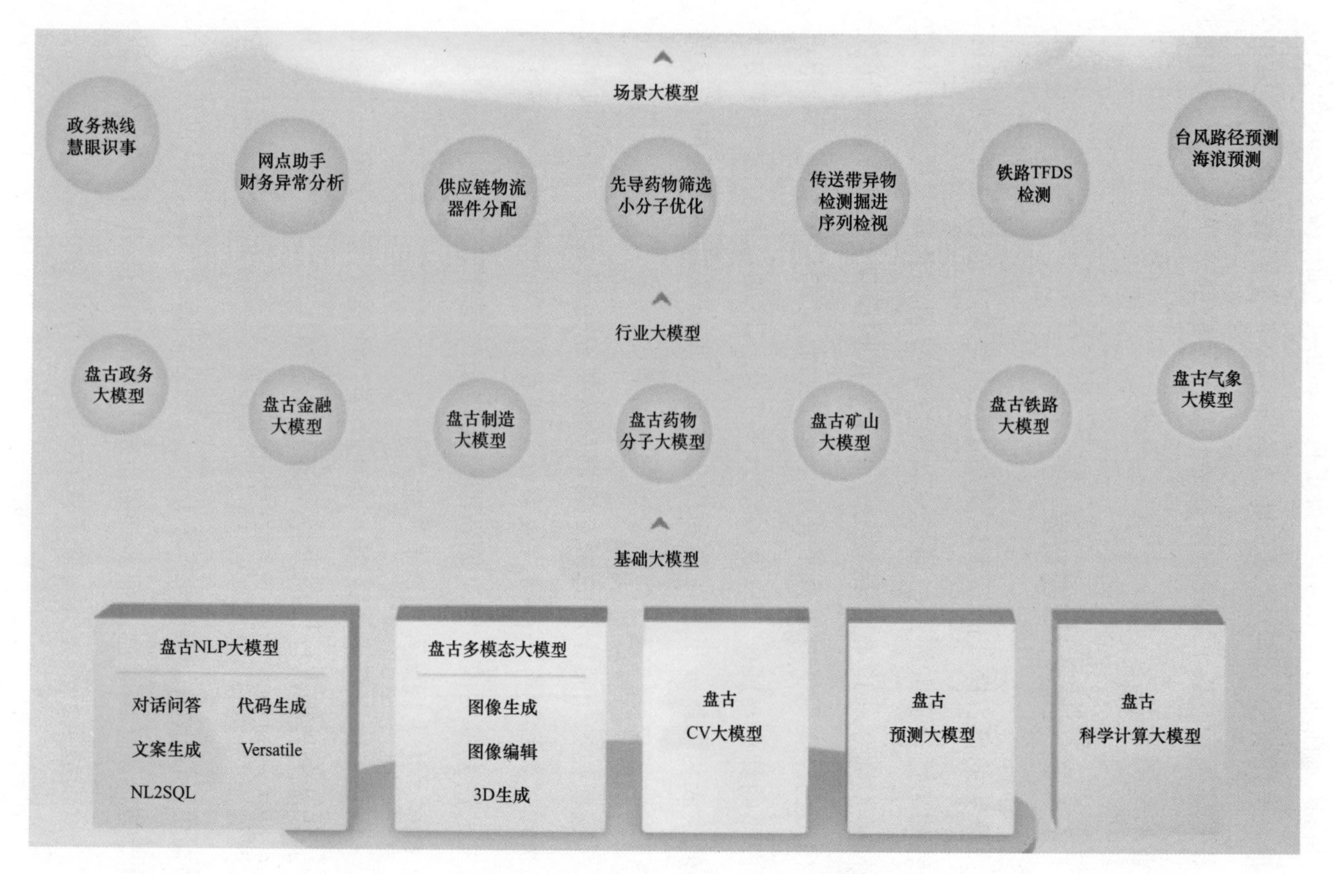

图 6-22　华为官网上的盘古大模型示意图

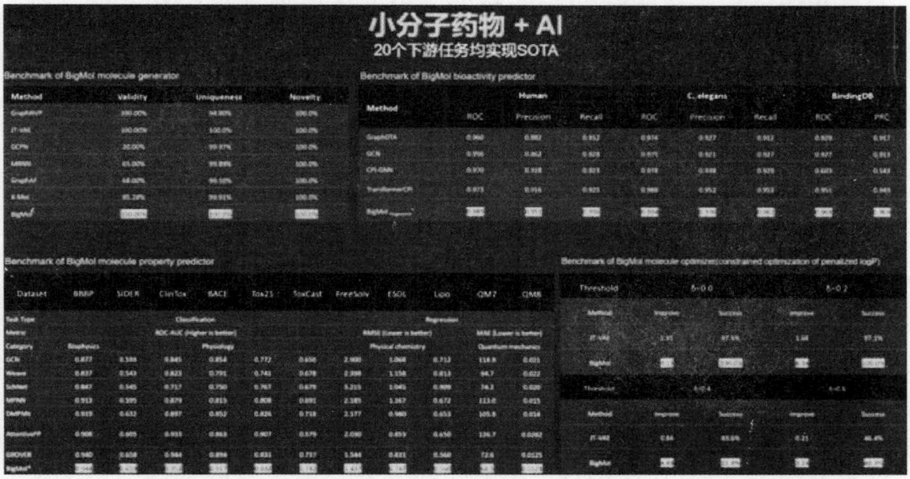

小分子药物 + AI

20个下游任务均实现SOTA

Benchmark of BigMol molecule generator

Method	Validity	Uniqueness	Novelty
GraphNVP	100.00%	94.80%	100.0%
JT-VAE	100.00%	100.0%	100.0%
GCPN	20.00%	99.97%	100.0%
MRNN	65.00%	99.89%	100.0%
GraphAF	68.00%	99.10%	100.0%
X-Mol	85.28%	99.91%	100.0%
BigMol	[illegible]	[illegible]	[illegible]

Benchmark of BigMol bioactivity predictor

Method	Human			C.elegans			BindingDB	
	ROC	Precision	Recall	ROC	Precision	Recall	ROC	PRC
GraphDTA	0.960	0.882	0.912	0.974	0.927	0.912	0.929	0.917
GCN	0.956	0.862	0.928	0.975	0.921	0.927	0.927	0.913
CPI-GNN	0.970	0.918	0.923	0.978	0.938	0.929	0.603	0.543
TransformerCPI	0.973	0.916	0.925	0.988	0.952	0.953	0.951	0.949
BigMol	[illegible]	[illegible]	[illegible]	[illegible]	[illegible]	[illegible]	[illegible]	[illegible]

Benchmark of BigMol molecule property predictor

Dataset	BBBP	SIDER	ClinTox	BACE	Tox21	ToxCast	FreeSolv	ESOL	Lipo	QM7	QM8
Task Type	Classification						Regression				
Metric	ROC-AUC (Higher is better)						RMSE (Lower is better)			MAE (Lower is better)	
Category	Biophysics		Physiology				Physical chemistry			Quantum mechanics	
GCN	0.877	0.586	0.845	0.854	0.772	0.650	2.900	1.068	0.712	118.9	0.021
Weave	0.837	0.543	0.823	0.791	0.741	0.678	2.398	1.158	0.813	94.7	0.022
SchNet	0.847	0.545	0.717	0.750	0.767	0.679	3.215	1.045	0.909	74.2	0.020
MPNN	0.913	0.595	0.879	0.815	0.808	0.691	2.185	1.167	0.672	113.0	0.015
DMPNN	0.919	0.632	0.897	0.852	0.826	0.718	2.177	0.980	0.653	105.8	0.014
AttentiveFP	0.908	0.605	0.933	0.863	0.807	0.579	2.030	0.853	0.650	126.7	0.0282
GROVER	0.940	0.658	0.944	0.894	0.831	0.737	1.544	0.831	0.560	72.6	0.0125
BigMol*	[illegible]	[illegible]	[illegible]	[illegible]	[illegible]	[illegible]	[illegible]	[illegible]	[illegible]	[illegible]	[illegible]

Benchmark of BigMol molecule optimizer(constrained optimization of penalized logP)

Threshold	δ=0.0		δ=0.2	
Method	Improve	Success	Improve	Success
JT-VAE	1.91	97.5%	1.68	97.1%
BigMol	[illegible]	[illegible]	[illegible]	[illegible]
[illegible]	[illegible]		[illegible]	
Method	Improve	Success	Improve	Success
JT-VAE	0.84	83.6%	0.21	46.4%
BigMol	[illegible]	[illegible]	[illegible]	[illegible]

图 6-23 盘古医药研发大模型赋能医药研发的交互界面

6.5.2 AIGC+气象科学

据世界银行预测，气象预测和预警系统的改进将为全球带来每年 1620 亿美元的经济效益，同时拯救数万人的生命。在过去的半个世纪里，超过 34% 的记录灾害、22% 的相关死亡人数（101 万人）和 57% 的相关经济损失（2.84 万亿美元），都与极端降水事件有关。

在气象预报中，预测未来 6 小时的天气信息，是预警极端降水事件的重要机制，但业界现有的预测方法存在模糊、耗散等问题，基于物理学的数值方法难以捕捉关键的混沌动力学（如对流启动），而现有的 AI 气象预报模型都是基于 2D 神经网络，无法很好地处理不均匀的 3D 气象数据。此外，AI 方法缺少数学物理机理约束，因此在迭代的过程中会累计误差，逐渐失去预报精准度。

华为的科学家团队针对性地创造出了适应地球坐标系统的三维神经网络，设计了 3DEST 架构专项处理复杂的不均匀 3D 气象数据，而迭代的过程中累计误差，团队则选择使用层次化时域聚合策略来减少预报迭代次数，进而减少迭代误差。

基于此推出的盘古气象大模型（Pangu-Weather），成为首个精度超过传统数值预报方法的 AI 预测模型，同时预测速度也有大幅提升。原来预测一个台风未来 10 天的路径，需要在 3000 台服务器的高性能计算机集群上花费 5 小时进行仿真。现在基于预训练的盘古气象大模型，通过 AI 推理的方式，研究者只需单台服务器上单卡配置，10 秒内就可以获得更精确的预测结果，速度提升了 10000 倍。

在实际应用中，盘古气象大模型可以用于预测海浪、高温、台风、寒潮等气象，相比传统的气象预测速度更快、准确率也更高。此前盘古和气象局合作，提前 10 天预测了“玛娃”的路径。此外，盘古也提前两天预测到了芬兰寒潮到来，相比欧洲气象局的预测，盘古的预测也更接近真实气温（见图 6-24）。

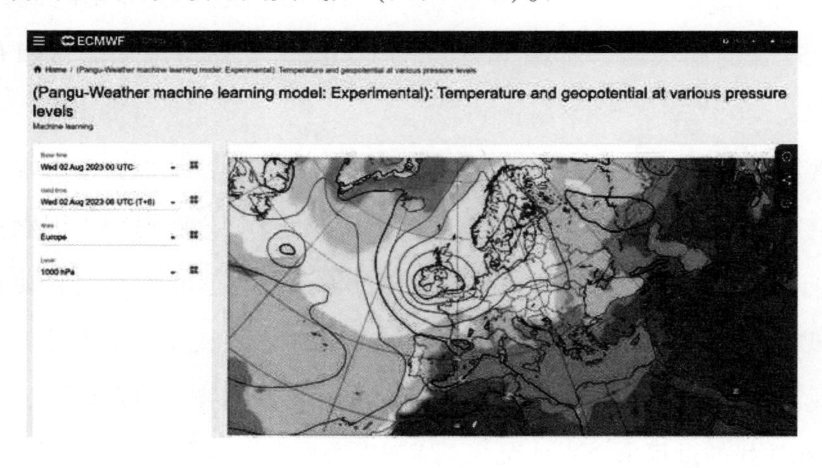

图 6-24　ECMWF 网站显示盘古气象大模型的天气预报

2023年下半年，由华为云AI首席科学家田齐领导的科学家团队在《*Nature*》杂志正刊发表了一篇名为《*Accurate medium-range global weather forecasting with 3D neural networks*》（译：三维神经网络用于精准中期全球天气预报）的论文，轰动了世界。

《*Nature*》审稿人评价："华为盘古气象大模型让人们重新审视气象预报模型的未来"。可以说，AIGC+气象科学的结合，达到了革命性的效果。华为盘古大模型的训练和推理逻辑示意图如图6-25所示。

6.5.3 AIGC+矿业开发

在大众的观念中，矿产开发这样的行业似乎很粗放，不太能够与风靡的AI碰撞出什么火花，但在煤炭行业，华为的盘古矿山大模型，已经在全国8个大型矿井中深度、规模地结合起来，实质性的改善着生产效率。

盘古矿山大模型在通过在井下采集数据进行自主学习，然后对采煤、掘进、主运、辅运、提升、安监、防冲、洗选、焦化9个专业21个场景、成千个细分场景生成改良方案，不仅实现了让更多煤矿工人井上开展工作，极大地减少安全事故，同时也大大缩短一些关键业务场景的时间。

例如：在洗选煤和配煤场景中，相关生产工艺数据输入因素关系复杂，过去多是凭借人工经验来确定。通过华为盘古矿山大模型的建模后，可以自主预测分选密度模型和产品灰分预测模型，然后进行全流程控制参数优化，根据系统观测到的灰分比，快速自动调整悬浮液密度以及入口压力等工作参数，提升了精煤回收率0.2%以

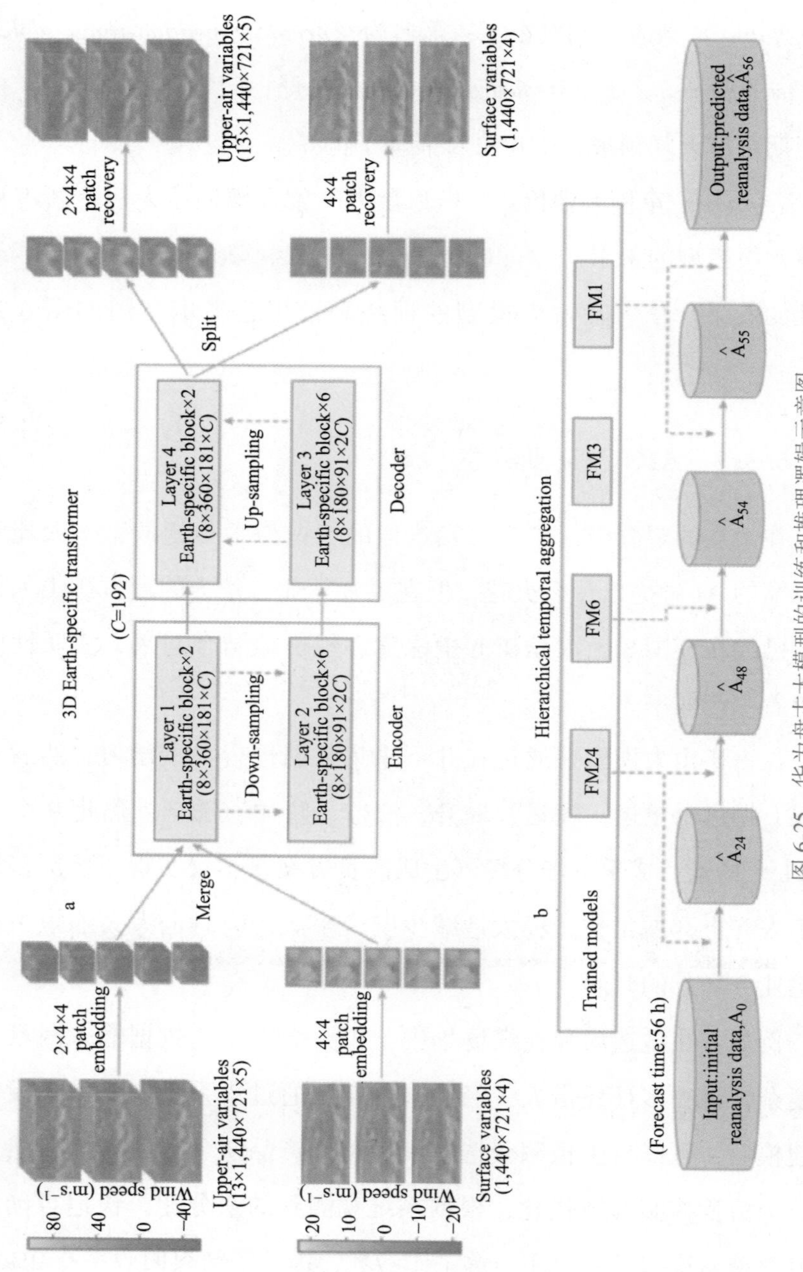

图 6-25 华为盘古大模型的训练和推理逻辑示意图

上。同时利用图网络技术训练配煤优化模型，帮助配煤师提升输出配比效率，人工耗时可从 1~2 天缩短到 1~2 分钟，加之采用更科学的配煤建议，可有效降低成本不低于 3 元/吨。

在防冲卸压施工孔深监督场景中，使用专用摄像仪对施工过程动态监管，视频实时上传并进行智能核验，孔深不足时及时进行声光告警。通过对卸压钻孔施工质量进行智能分析，辅助防冲部门进行防冲卸压工程规范性验证，不仅降低了 82%的人工审核工作量，还将原本需要 3 天的防冲卸压施工监管流程缩短至 10 分钟，实现防冲工程 100%验收率。山东能源李楼、新巨龙等煤矿通过这些技术，已经完全颠覆了过去的工作方式。煤矿 AI 监督分析系统如图 6-26 所示。

图 6-26 煤矿 AI 监督分析系统

当 AI 自主通过建模和学习数据，开始为特定场景自主生成数据和策略的时代来临的时候，不仅绘画领域、人机会话领域被革新，连传统的生产制造甚至矿产开发领域都正在被深入革新，相信人们会在更多的领域看到 AIGC 赋能带来的革命性变革。

第七章
AIGC 生态圈——机遇产生之地

AIGC 技术正在迅速发展，为创意产业带来了全新的机遇。AIGC 不仅在单一应用领域具有广泛应用，还在创意产业中形成了一个独特的生态圈。这个生态圈涵盖了从 AIGC 技术提供商、内容创作者、平台运营商到用户等多个角色，形成了一个相互关联、互惠互利的生态圈。

AIGC 生态圈不仅是一个技术和产业的结合体，也是一个创新和合作的产生之地。

在本章中，我们将深入探讨 AIGC 生态圈，从不同角度探讨 AIGC 技术在创意产业中的应用和影响，探讨 AIGC 生态圈的发展现状以及生态圈中各个角色及其相互关系，展望 AIGC 技术在创意产业中的未来发展，并探讨如何在这个生态圈中抓住机遇，实现产业的可持续发展。

7.1　上游大厂：AIGC 基础设施的建设

“上游大厂”通常是指供应链中处于较高层次的、起到主导地位的大型制造商或供应商。上游大厂在 AIGC 生态圈中扮演着至关重要的角色。作为技术研发和创新的推动者，它们为整个生态系统提供了关键的基础设施和资源。无论是在技术研发、数据资源、平台工具还是合规性要求方面，上游大厂都发挥着不可或缺的作用。

上游大厂投入大量的研发资源，致力于开发先进的神经网络模型、算法和工具，推动 AIGC 技术的不断演进。它们的技术创新和算法突破提高了 AIGC 的内容生成质量和生成效率，为下游开发者提供了更强大的工具和能力。

上游大厂拥有庞大而可靠的数据集和训练资源。这些数据集是 AIGC 训练的基础，而上游大厂通过积累大量的标注数据和开发高效的训练平台，为下游开发者提供了可靠的数据和训练基础，极大地促进了 AIGC 技术的发展。

上游大厂构建了 AIGC 相关的平台和工具，为下游开发者提供了开发、测试和部署 AIGC 应用的环境。这些平台和工具包含了丰富的开发接口、文档和示例，推动了 AIGC 技术的广泛应用和创新。

上游大厂在制定行业标准和合规性要求方面发挥着重要作用。参与制定 AIGC 技术和应用的伦理准则、法律规定和安全标准，促进了整个生态圈的可持续发展和健康运行。

7.1.1 大模型提供商

大模型提供商通常是指提供训练和部署大规模深度学习模型的公司或组织。这些提供商通常拥有庞大的计算资源和专业知识，能够支持训练和运行复杂的神经网络模型。

商汤科技和百度都是全球知名的 AIGC 大模型提供商，它们在人工智能领域有着丰富的技术经验和创新能力。

商汤科技是中国领先的人工智能技术公司，专注于计算机视觉、语音识别、自然语言处理等领域的研究和应用。商汤科技推出了多种 AIGC 大模型，如 V4 大模型和 V7 大模型，用于图像识别、人脸识别、物体检测等应用，为众多企业提供了强大的 AIGC 技术支持。

商汤科技在 AIGC 生态圈中通过技术研发和数据资源的提供，推动了图像生成技术的发展。其大规模训练和优化能力为下游开发者提供了高质量的模型和算法，帮助创建更逼真的图像生成应用。对于 AIGC 生态圈在图像相关领域的创新和应用，商汤科技的贡献起到重要作用。

百度是中国领先的互联网科技公司，也在人工智能领域有着深厚的积累。百度推出了多个 AIGC 大模型，如 ERNIE（Enhanced Representation through Knowledge Integration）、PaddlePaddle 等，用于自然语言处理、机器翻译、语音识别等领域的应用。ERNIE3.0 模型架构图如图 7-1 所示。

百度在 AIGC 生态圈中通过技术创新和平台支持发挥重要作用。其大模型和强大的自然语言处理能力为下游开发者提供了高质量的文本生成模型和工具，促进了自然语言生成技术的发展。同时，百

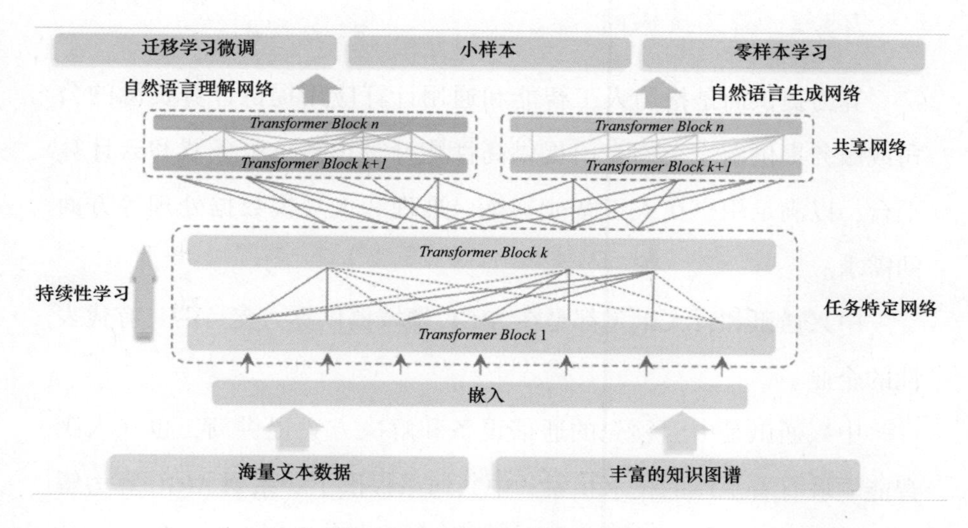

图 7-1　ERNIE 3.0 模型架构图

度的开放平台和工具支持，使得开发者可以更便捷地应用 AIGC 技术于文本相关的应用场景中。

商汤科技和百度作为具有代表性的 AIGC 大模型提供商，不仅在技术研发和创新方面具有强大的实力，还通过丰富的应用场景和合作伙伴网络，为各行业提供了多样化的 AIGC 解决方案，助力企业在人工智能领域取得更多的创新和商业价值。

除此之外，众多“IT 大厂”都根据自身行业特点推出了大模型产品，如：华为发布的盘古大模型 3.0、阿里云推出的通义千问大模型、360 发布认知型通用大模型“360 智脑 4.0”、科大讯飞发布的科大讯飞星火大模型等，目前国内的大模型产品呈井喷之势，已有百余种之多。

7.1.2 算力提供商

算力提供商是指为人工智能和通用计算应用提供计算资源的公司或服务提供商。它们专门提供高性能计算设备、服务器和云计算平台，以满足用户在人工智能训练、推理和大规模数据处理等方面的需求。

中兴通讯和科大讯飞都是在 AIGC 领域提供算力支持的具有代表性的企业。

中兴通讯是中国领先的通信设备和解决方案提供商，也在人工智能领域有着深厚的技术积累。中兴通讯提供了一系列 AIGC 算力解决方案，包括人工智能芯片、服务器、边缘计算平台等，用于支持各种 AIGC 应用，如图像处理、语音识别、数据分析等。中兴通讯通过其高性能的硬件设备和先进的技术，为企业和开发者提供了强大的 AIGC 算力支持。

中兴通讯作为算力提供商，在 AIGC 生态圈中通过提供强大的计算基础设施和数据处理能力发挥着关键作用。其算力资源和技术支持为下游开发者提供了高性能的计算环境，加快了 AIGC 模型的训练速度和推理效率。中兴通讯的贡献助力 AIGC 生态圈在计算能力方面取得更大的突破和创新。

科大讯飞是中国领先的语音与人工智能技术公司，致力于语音识别、自然语言处理、机器翻译等领域的研究和应用。科大讯飞推出了一系列 AIGC 算力解决方案，如讯飞云 AI 算力平台——AIHub（见图 7-2），用于支持各种 AIGC 应用，包括图像处理、语音识别、智能交互等。科大讯飞通过其丰富的技术积累和先进的算力平台，为企业和开发者提供了可靠的 AIGC 算力支持。

图 7-2　讯飞云 AI 算力平台——AIHub

科大讯飞作为算力提供商，为下游开发者提供了强大的语音生成算力，支持创新的语音合成应用和技术。科大讯飞的特点在于将其丰富的语音识别和处理能力与算力资源相结合，为语音生成任务提供高质量的语音合成模型和工具。

中兴通讯和科大讯飞作为 AIGC 算力提供商，通过其先进的硬件设备、技术和平台，为各行业的 AIGC 应用提供了可靠的算力支持，帮助企业在人工智能领域实现更多的创新和业务价值。

除此之外，具有代表性的算力提供商还包括华为、中科曙光、中科信息等 IT 厂商。

7.1.3　数据供给方

华为、腾讯、阿里巴巴和百度是中国领先的科技公司，它们在

AIGC 领域中拥有丰富的数据资源，并且可以作为 AIGC 数据供给方。

华为：作为全球领先的信息通信技术解决方案提供商，华为在移动通信、网络设备、云计算、人工智能等领域积累了大量的数据资源。这些数据可以被用于训练和优化 AIGC 模型，从而提供更好的智能化解决方案。

华为拥有海量的通信数据、用户行为数据和网络数据等，这些数据对于训练和优化 AIGC 模型具有重要意义。华为通过开放数据接口和数据共享合作，为下游开发者提供了高质量的数据资源，推动了 AIGC 技术的发展和应用。

腾讯：作为中国领先的互联网公司，腾讯在社交、游戏、在线广告、云计算等领域拥有丰富的数据资源。腾讯旗下的产品和服务，如微信、QQ、腾讯云等，积累了海量的用户行为数据和业务数据，可以为 AIGC 应用提供丰富的训练和优化数据。

腾讯是拥有丰富的用户行为数据和多样化的数据类型。腾讯通过其众多的互联网服务和平台，积累了大量的文本数据、图像数据和多媒体数据等。作为数据供给方，腾讯为 AIGC 生态圈提供了丰富的数据资源和技术支持，帮助开发者在文本生成、图像生成和多媒体生成等任务上取得突破性的进展。

阿里巴巴：作为全球最大的电商和云计算公司之一，阿里巴巴在电商、支付、物流、云计算等领域积累了大量的数据资源。阿里巴巴旗下的平台和服务，如淘宝、天猫、支付宝、阿里云等，拥有丰富的用户行为数据、交易数据和业务数据，可以为 AIGC 应用提供丰富的数据支持。作为数据供给方，阿里巴巴为 AIGC 生态圈提供了丰富的数据和云计算资源，助力开发者以更高效的方式进行 AIGC 模型的训练和应用。

百度：作为中国领先的互联网搜索引擎和人工智能公司，百度在搜索、语音识别、图像识别、自然语言处理等领域拥有丰富的数据资源。百度旗下的产品和服务，如百度搜索、百度地图、百度云等，积累了大量的用户行为数据和业务数据，可以为 AIGC 应用提供丰富的训练和优化数据。

百度在 AIGC 生态圈中以其搜索引擎和在线服务而闻名。百度通过搜索引擎和其他在线平台收集和处理了大量的数据，包括文本数据、图像数据和用户行为数据等。作为数据供给方，百度为 AIGC 开发者提供了丰富的数据资源和技术支持，为文本生成、图像生成和其他应用领域的 AIGC 模型训练提供了重要的数据基础。

这些公司作为 AIGC 数据供给方，可以提供大规模、高质量的数据资源，为 AIGC 模型的训练和优化提供有力的支持。同时，这些公司也在不断创新和拓展 AIGC 领域的业务，推动着 AIGC 技术的发展和应用。

7.1.4　开源算法提供商

AIGC 开源算法提供商是指在 AIGC 领域中，开放源代码的算法提供者，为广大开发者和研究者提供了可自由使用、修改和共享的 AIGC 算法。以下是一些知名的 AIGC 开源算法提供商。

OpenAI：作为全球领先的人工智能研究实验室，OpenAI 致力于推动 AIGC 领域的研究和应用。OpenAI 开发了多个知名的 AIGC 算法，如 GPT-DALL-E、GPT-4 等，这些算法在自然语言处理、计算机视觉、生成对抗网络等领域取得了显著的成果，并且以开源方式发布，供广大开发者和研究者使用和改进。

OpenAI 在 AIGC 生态圈中的作用主要体现在提供开源算法和模型权重训练。它们的重要贡献之一是开源了 GPT（Generative Pre-trained Transformer）系列模型，包括 GPT-3、GPT-4 等。通过提供开源算法和模型，OpenAI 鼓励研究者和开发者共享和改进 AI 技术，推动 AIGC 模型在文本生成、语音合成等任务上的应用和创新。

百度：百度在 AIGC 领域中也积极推动开源算法的发展。百度推出了多个 AIGC 算法开源项目，如 PaddlePaddle（百度深度学习框架）、EasyDL（百度云的 AI 服务平台）等，为开发者和研究者提供了丰富的工具和资源。

百度在文本处理、机器学习和自然语言处理等领域拥有丰富的技术实力，并开源了 BERT 模型和其他基于深度学习的语言模型与生成算法。通过开源算法，百度促进了 AIGC 技术的交流和合作，推动了文本生成和自然语言处理领域的研究和应用。

科大讯飞：科大讯飞推出了多个 AIGC 算法开源项目，如讯飞开放平台、科大讯飞 AI 开放平台等，提供了多个开放的 API 和 SDK，供开发者和研究者使用和改进。推动了语音生成和自然语言处理技术在 AIGC 任务中的应用和创新。

商汤科技：商汤科技推出了多个 AIGC 算法开源项目，如 MMLab（商汤开放实验室）、MMDetection（基于 MMLab 的目标检测框架）等，为计算机视觉领域的开发者和研究者提供了丰富的资源和工具。

商汤科技通过开源算法提供了丰富的图像生成和处理技术支持，如 StyleGAN、DeepLab 等。这些开源算法为开发者和研究者提供了学习和借鉴的机会，并推动了图像生成和图像处理在 AIGC 任务中的应用和创新。

平安科技：作为中国领先的金融科技公司，平安科技在人工智能、大数据等领域具有深厚的技术积累。平安科技推动了多个 AIGC 算法开源项目，如 PAI（平安科技人工智能开放平台）、PAISS（平安科技智能服务系统）等。

平安科技注重 AI 技术在金融领域的应用和研究，开源了一些与金融相关的算法和模型，涉及风险评估、信用评分、欺诈检测等领域。这些开源算法为金融领域的开发者和研究者提供了技术支持和实践机会，促进了 AIGC 技术在金融领域的应用和创新。

7.1.5 硬件设备厂商

AIGC 硬件设备厂商是指在 AIGC 领域中，专门生产和提供用于加速人工智能计算的硬件设备的企业。以下是一些知名的 AIGC 硬件设备厂商。

英伟达（NVIDIA）：作为全球领先的图形处理器（GPU）制造商，英伟达也是人工智能领域的重要参与者。英伟达推出了多款专门用于加速 AIGC 计算的 GPU 产品，如 NVIDIA Tesla V100、NVIDIA A100 等，这些 GPU 在深度学习、计算机视觉、自然语言处理等领域表现出卓越的性能，被广泛应用于 AIGC 应用中。

英特尔（Intel）：作为全球领先的半导体技术公司，英特尔在人工智能领域也有着丰富的技术积累。英特尔推出了多款专门用于加速 AIGC 计算的硬件产品，如英特尔 Xeon Phi、英特尔 Movidius Neural Compute Stick 等，这些产品在高性能计算、边缘计算等领域具有较强的性能和灵活性。

AMD（Advanced Micro Devices）：作为与英特尔并驾齐驱、全球领先的半导体技术公司，AMD 也在人工智能领域拥有一系列的硬件产品。AMD 推出了多款专门用于加速 AIGC 计算的 GPU 和处理器产品，如 AMD Radeon Instinct、AMD EPYC 等，这些产品在深度学习、机器学习等领域具有优秀的性能和能效。

三星（Samsung）：作为全球领先的电子产品制造商，三星也在人工智能领域有着一系列的硬件产品。三星推出了多款专门用于加速 AIGC 计算的处理器和芯片产品，如三星 Exynos、三星 AI Accelerator 等，这些产品在智能手机、物联网设备等领域广泛应用，并在 AIGC 应用中发挥着重要的作用。

高通（Qualcomm）：作为全球领先的移动通信技术公司，高通在人工智能领域也有着一系列的硬件产品。高通推出了多款专门用于加速 AIGC 计算的处理器和芯片产品，如高通 Snapdragon、高通 AI Engine 等，这些产品在移动设备、物联网设备等领域具有广泛应用，并在 AIGC 应用中具有优异的性能和功耗优化。

7.2 中游“独角兽”：垂直化/场景化的平台建设

在 AIGC 领域，中游的“独角兽”通常是指那些专注于垂直化或场景化平台建设的公司，这些公司在特定的应用场景或行业领域中，通过结合人工智能技术和相关领域的专业知识，构建了具有较高竞争力的 AIGC 平台。以下是几个典型代表。

滴滴出行：滴滴出行是中国领先的出行服务平台，致力于建设一个垂直化的出行服务平台。他们通过技术和创新，提供便捷的打车、拼车等出行服务，改变了人们的出行方式，旨在优化城市交通。

大众点评：大众点评是中国一家综合性的本地服务平台，提供订餐、外卖、旅游、电影、酒店预订等多种垂直服务。他们通过整合各类资源和服务，为用户提供一站式的本地生活服务，改善人们的生活方式。

唯品会：唯品会是中国领先的特卖会电商平台，专注于垂直化的特卖会场景。他们通过合作品牌和零售商，提供折扣商品和限时特卖活动，满足用户对品牌商品的需求。

考拉海购：考拉海购是一家中国跨境电商平台，专注于垂直化的海外购物场景。他们提供从日用品到奢侈品的海外商品，通过优质的产品和服务，为用户提供安全可靠的跨境购物体验。

水滴公司：水滴公司是一家中国医疗保险服务平台，旨在提供垂直化的医疗保险场景。他们通过数字化和智能化的方式，为用户提供医疗保险产品、在线理赔服务和医疗健康咨询，提高医疗保障的普及性和便捷性。

这些企业在垂直化/场景化的平台建设中扮演着重要角色。他们通过整合资源、应用技术和创新商业模式，满足特定领域或场景的用户需求，提供更便捷、高效和个性化的服务和体验。这些平台的建设对于优化用户体验、促进行业创新和推动经济发展具有积极的作用。

7.2.1 大模型的行业场景化针对性训练

垂直化/场景化的平台建设通常涉及使用大模型进行针对性训

练，以满足特定行业或应用场景的需求。许多企业已经开始使用大模型进行行业场景化的针对性训练，并在此基础上建立了自己的商业模式。以下是一些例子。

Salesforce： Salesforce 是一家领先的云计算和客户关系管理（CRM）解决方案提供商。他们使用大模型进行自然语言处理和文本生成，以提供更智能、更个性化的 CRM 服务。通过将大模型应用于客户数据分析和语义理解，他们改善了客户互动体验，并建立了基于大模型的 AI 增强的商业模式。

腾讯： 作为中国科技巨头之一，腾讯也在大模型的行业场景化上进行了尝试。他们利用自然语言处理和深度学习技术，构建了智能客服和智能助手等场景化解决方案，为企业提供更高效、更个性化的客户服务，从而建立相应的商业模式。

金蝶国际： 金蝶国际是我国知名的企业管理软件提供商，通过应用大模型来改进他们的商业智能和数据分析平台。并进行数据挖掘和预测分析，从而帮助企业更好地理解和分析他们的业务数据，并提供相应的商业决策支持服务。

这些企业利用大模型在特定行业或场景中进行针对性训练，并将其应用于自己的商业模式中。这些大模型提供了更高级的自然语言处理、文本生成和数据分析等功能，帮助企业改善产品和服务，并将其量身定制为符合特定行业需求的解决方案。

7.2.2 底层算法的垂直化二创及封装

底层算法的垂直化二创和封装是指将通用的底层算法进行定制化或专业化的二次创造，并将其封装为特定领域或场景的算法解决方案。

具体来说，底层算法的垂直化二创是指在通用算法的基础上，根据特定行业或领域的需求，对算法进行深入改进和定制，以提升适应特定场景的能力。这可能包括对数据预处理、模型架构、训练策略等方面的优化和改进，使得算法更加适合特定领域或场景的特定问题。

底层算法的封装是指将经过垂直化二创的算法进行模块化和封装，以便更方便地应用于对应的行业场景。封装的过程可能包括将算法进行包装、添加特定领域的接口或功能，提供易于集成、易于使用的算法解决方案。这样，非专业开发人员也可以在相应场景中轻松应用底层算法，无须深入理解底层算法的细节。

通过底层算法的垂直化二创和封装，可以使行业或领域的从业者更加便利地应用先进的算法技术，解决特定领域的问题。这不仅减轻了开发人员的工作负担，还推动了特定行业中人工智能技术的应用和创新。此外，垂直化二创和封装还可以加速算法的传播和落地，让更多企业和个人受益于先进的算法技术。

以下是一些例子。

Waymo： Waymo 是一家自动驾驶技术公司，他们对机器学习算法和计算机视觉算法进行优化和定制，使其适应自动驾驶领域的需求。Waymo 的自动驾驶算法被用于开发和部署自动驾驶车辆，为出租车、货运、物流等行业提供无人驾驶解决方案。

Palantir Technologies： Palantir 是一家数据分析和人工智能软件公司，他们对数据处理和分析算法进行深入改进和定制，以满足特定行业和企业的需求。Palantir 的算法被用于建立数据整合平台和智能分析工具，帮助企业进行数据驱动的决策和业务优化。

这些企业通过底层算法的垂直化二创和封装，根据特定行业和领域的需求，定制化地改进了通用算法，从而建立了自己的商业模式。这种定制化的算法解决方案使得他们能够更好地满足特定行业的需求，提供定制化的产品和服务，帮助企业实现业务增长和创新。

7.2.3 针对 AIGC 生产的海量数据的使用

企业在垂直化/场景化的平台建设中，可以利用 AIGC 生产的海量数据进行以下用途。

提供个性化的服务：通过分析 AIGC 生成的海量数据，企业可以了解用户的偏好和行为模式，从而提供个性化的服务。例如，在社交媒体平台中，通过分析用户的帖子、评论和互动数据，企业可以推荐相关内容或广告，提高用户体验和广告精准度。

优化用户体验：通过观察 AIGC 生成的海量数据，企业可以了解用户在产品或服务使用过程中的需求和痛点，并针对性地进行产品改进和优化。例如，在电子商务平台中，通过分析购买和浏览数据，企业可以改进推荐系统，提供更加符合用户兴趣的商品推荐。

支持决策制定和创新：通过分析 AIGC 生成的海量数据，企业可以获取市场趋势、消费者洞察和竞争情报，为决策制定提供数据支持。此外，海量数据还可以用于探索新的商业机会和创新领域，帮助企业发现未来的发展方向。

强化商业模型和产品：企业可以利用 AIGC 生成的海量数据来改进其商业模型和产品。通过深入了解用户的需求和行为，企业可以调整定价策略、增加附加服务或改进功能，以提高产品的市场适应性和竞争力。

数据驱动的营销和广告：通过分析 AIGC 生成的海量数据，企业可以洞察用户的兴趣、购买习惯和社交行为，从而进行精准的营销和广告投放。企业可以利用数据驱动的策略，将广告和推广活动更加有效地传达给目标受众，提高广告投资回报率。

总之，AIGC 生成的海量数据在垂直化/场景化的平台建设中具有重要价值。通过分析和利用这些数据，企业可以提供个性化的服务、优化用户体验、支持决策制定和创新，并推动商业模型和产品的发展。

7.2.4　典型代表：Photoshop 的 AI 插件 Alpaca

Alpaca 是一个由 Envato Elements 提供的 Photoshop 的 AI 插件。最新的更新里，包含了 6 大 AI 功能，可以帮助用户提高设计工作效率。

Alpaca 的 6 大 AI 功能包括。

Sketch：Sketch 可以实现根据线稿和提示词完成绘画，类似于用了 Controlnet 插件，通过上传一张素描或草图，框选需要上色的位置，并输入相应的提示词，Alpaca 插件就能生成一组高质量的图像，选择图像就可以直接插入。

Transfer：Transfer 功能可以将一张图像转换为不同的风格，比如我们框选需要变更风格的区域，输入提示词将当前的图像转换为水彩风格，等待生成即可。

Fill：类似 PS 的生成式填充功能，不同的是，用户可以填入提示词和自定义扩展区域的内容。

Imagine： 帮助用户在 PS 软件中实现高质量的文本转图像功能，可以设置图像生成的数量、种子编码和线条强度等参数。

Depth： 上传一张图片，可以计算该图像的深度，并生成模型。

Upscale： 类似于 Midjourney 的 Upscale，提高图像的分辨率。

Alpaca 是一个非常强大的 Photoshop 插件，可以帮助用户提高他们的设计工作效率。可以帮助用户创建更具吸引力、更具创意、更具个性的设计。

7.3 下游内容服务商：内容建设与分发

下游内容服务商通常包括内容建设和内容分发两类。

内容建设： AIGC 的下游内容服务商可以利用 AIGC 技术生成丰富多样的内容，如文章、图片、音频、视频等。这些内容可以应用于各种领域，例如新闻报道、广告创意、社交媒体内容、电商推文、品牌宣传等。内容建设可以包括对 AIGC 生成的内容进行编辑、定制和优化，以满足不同客户的需求和要求。

内容分发： AIGC 生成的内容需要通过适当的渠道进行传播和分发。内容分发包括将 AIGC 生成的内容发布到各类在线平台，如网站、社交媒体、应用程序等，以便用户可以访问和消费这些内容。此外，内容分发还包括通过搜索引擎优化（SEO）、社交媒体推广、广告投放等方式，将 AIGC 生成的内容推广给更多的用户和受众。

下游内容服务商在 AIGC 技术的基础上，通过内容建设和分发，可以提供丰富、多样化的内容服务，满足不同行业和客户的需求，帮助其在数字化时代中保持竞争优势。

7.3.1　由 UGC 转变为 AIGC 为应用层平台供给内容源

下游内容服务商在应用层平台中从用户生成内容（UGC）转变为使用 AIGC 生成内容。

传统的 UGC 模型通常依赖于用户主动创作和上传的内容，而 AIGC 则可以通过自动化的方式生成丰富多样的内容，从而为应用层平台提供更多的内容源。这种转变可以带来以下几个优势。

大规模、高质量的内容： AIGC 技术可以在短时间内生成大量高质量的内容，避免了依赖用户创作的限制。这可以为应用层平台提供更多的内容选择，满足用户对多样化内容的需求。

定制化的内容生成： AIGC 可以根据应用层平台的需求进行定制化的内容生成，包括不同主题、风格、语言等。这可以帮助应用层平台更好地与目标用户群体匹配，提供更有吸引力和个性化的内容。

高效的内容更新和维护： AIGC 生成的内容可以轻松地进行更新和维护，不需要用户参与。这可以减轻应用层平台在内容更新和维护方面的工作量，提高运营效率。

潜在的创新和创意： AIGC 生成的内容可以带来新颖和创意的元素，从而为应用层平台带来潜在的创新和差异化竞争优势。

综上所述，AIGC 可以为下游内容服务商提供更多的内容源选择，并带来高效的内容更新和维护，从而助力应用层平台在内容服务领域取得竞争优势。

7.3.2 由 AIGC 创造全新的互联网、元宇宙应用层平台

下游内容服务商创造的互联网、元宇宙应用层平台可以是一种基于人工智能和大数据技术的创新性平台，为用户提供全新的互联网和元宇宙体验。

这样的平台包括以下特点。

内容生态系统：平台可以建立丰富的内容生态系统，包括各类优质的内容资源，例如视频、音乐、游戏、社交网络、虚拟现实体验等，为用户提供多样化的内容选择。

用户个性化体验：平台可以利用先进的人工智能技术和大数据分析，根据用户的兴趣、偏好、行为等个性化因素，为用户定制化的内容推荐、搜索、交互等体验，提高用户黏性和满意度。

社交互动与合作：平台可以支持用户之间的社交互动和合作，例如社交网络、虚拟社群、多人游戏、合作创作等，促进用户之间的互动和社交互动，增加用户黏性和用户生成内容（UGC）。

融合现实与虚拟：平台可以融合现实与虚拟世界，创造元宇宙（Metaverse）的概念，为用户提供虚拟世界的内容和体验，与用户在现实世界中的生活和兴趣相互交织，构建全新的虚拟社会生态。

商业模式创新：平台可以探索新的商业模式，例如基于订阅、广告、虚拟商品、虚拟货币等多样化的收费方式，为内容创作者和服务商提供盈利机会，实现平台可持续发展。

这样的互联网、元宇宙应用层平台可能通过创新的技术、商业模式和用户体验，引领互联网和元宇宙的发展趋势，为用户提供全新的数字化体验和价值，从而在 AIGC 生态系统中发挥重要作用，创

造新的商业机会和市场竞争力。

7.3.3　典型代表：视频类平台（Netflix）

Netflix 是下游内容服务商中的典型代表之一。作为全球领先的在线流媒体公司，Netflix 通过其独特的商业模式和创新的内容策略，成功地构建了一个全球用户基础，并为用户提供了丰富的娱乐内容。

Netflix 通过互联网提供订阅制在线流媒体服务，包括电影、电视剧、纪录片、动画等各种类型的内容。用户可以在多个平台上访问 Netflix 的服务，包括个人计算机、智能手机、平板电脑、智能电视、游戏机等设备。用户可以在 Netflix 上浏览并选择他们想要观看的内容，并按月支付订阅费用以获得无限制的流媒体内容。

Netflix 以其自主制作和采购全球各地的优质内容而闻名。该公司推出了自己的原创剧集和电影，如《怪奇物语》《玛德琳·麦克尤斯》《王冠》《纸牌屋》等，这些独家内容帮助 Netflix 吸引了大量的用户和粉丝。此外，Netflix 还通过个性化推荐系统向用户推荐定制化的内容，提高了用户满意度和忠诚度。

Netflix 的成功表明了下游内容服务商在垂直化和场景化平台建设中的重要地位。通过提供丰富多样的内容、创新的商业模式和个性化的用户体验，下游内容服务商可以吸引大量用户并在竞争激烈的娱乐产业中取得竞争优势。

第八章
冷思考——AIGC 会带给我们什么

2022 年被称为“AIGC 元年”，AIGC 的技术发展速度惊人，迭代速度更是呈现指数级发展，这其中深度学习模型不断完善、开源模式的推动、大模型探索商业化的可能，都在助力 AIGC 的快速发展。随着超级聊天机器人——ChatGPT 的出现，拉开了智能创作时代的序幕。

随着 AIGC 技术的不断发展和应用，更多普惠的 AI 生产力平台将以更低的门槛造福于有创造力和想象力的人群，人们可以更好地利用 AIGC 技术来提高工作效率、拓展信息获取和娱乐方式、改善众多行业领域的服务质量、提高商业效率等。

在人工智能发展的漫长历程中，如何让机器学会创作一直被视为难以逾越的天堑，“创造力”也因此被视为人类与机器最本质的区别之一。然而，人类的创造力也终将赋予机器创造力，把世界送入智能创作的新时代。从机器学习到智能创造，从 PGC、UGC 到 AIGC，我们即将见证一场深刻的生产力变革，而这份变革也会影响到我们工作与生活的方方面面。

与此同时，我们也需要正视 AIGC 技术发展所带来的一些风险和挑战，探索如何更好地利用 AIGC 技术服务社会、造福人类，推动 AIGC 技术的健康和可持续发展。

8.1　AIGC 会给人们的生产生活带来怎样的变化

8.1.1　社会生产新变化——为内容创作领域带来创新

1. AIGC 有助于提升工作效率

在内容创作领域，AIGC 可以让创作者大幅提升工作效率，尤其是对于艺术、影视、广告、游戏、编程等创意行业的从业者来说，可以辅助从业者进行日常工作，并有望创造出更多惊艳四座的作品。AIGC 为游戏行业及美术工作领域的从业人员提供了新的灵感来源，增加了新的互动和创新的模式，进一步降低美术创作者大量前期工作和项目成本。例如，制作人先构建完整的背景故事后，由 AIGC 生成系列画作，之后再由专业的美术人员进行筛选、处理、整合，并将整个故事和画面进一步完善提升。

2. AIGC 构建创意与实现的分离

在创意构思方面，AIGC 构建了新的创意完善通路。传统的重复性的创作工作将交给 AIGC 完成，最终创意过程将变为“创意-AI-创意”的模式。

构思完成之后进入创意实现阶段，创作者通过 AIGC 一键生成高质量的内容，并对 AI 模型进行参数配置，直接点击输出内容。创意和实现呈现出分离状态，实现过程变为一种可重复劳动，可以由 AIGC 来完成，并逐步将成本推向趋近于 0，如图 8-1 所示。

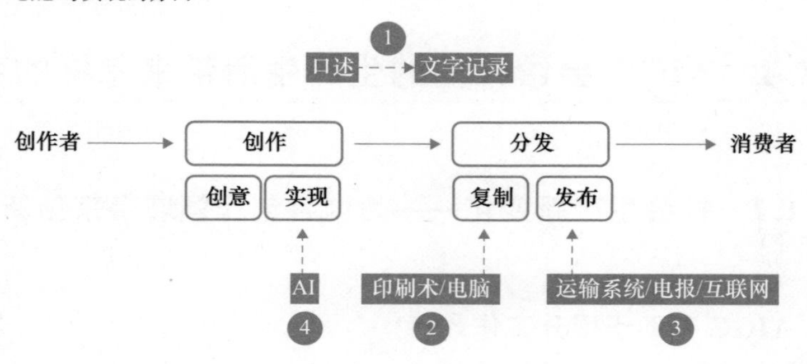

图 8-1 创意与实现的分离

3. AIGC 将为创作者带来更多收益

创作者的创意本身比 AIGC 生成的绘画更有价值，因此如何将创作者的“创意”进行量化，甚至定价，将有助于打造 AIGC 的商业模式。这其中“注意力机制”将成为 AIGC 潜在的量化载体。例如国内有机构专家提出，可以通过计算输入文本中关键词影响的绘画面积和强度，可以量化各个关键词的贡献度。之后根据一次生成费用与艺术家贡献比例，可以得到创作者生成的价值。最后再与平台按比例分成，就是创作者理论上“因贡献创意产生的收益”。

例如某 AIGC 平台一周内生成数十万张作品，涉及这位创作者关键词的作品有 30000 张，平均每张贡献度为 0.3，每张 AIGC 绘画成本为 0.5 元，平台分成 30%，那么这位创作者本周在该平台的收益为：30000×0.3×0.5×(1−30%)= 3150 元的收益，未来参与建立 AI 数据集将有望成为艺术家的新增收益。

4. 从“大模型”到“大应用”，探索可行的商业模式

模型规模越大，其实越难以在现实场景中落地部署。同时“海量数据”并不等同于“海量高质量数据”，有可能会导致反向效果产生。AIGC 的发展离不开预训练大模型的不断精进。大模型虽然在很多领域都表现出良好的使用效果，但是这些效果作为展示甚至噱头之后，很难形成良性的商业价值，与大模型的训练成本、基础设施投入更是相差甚远。

如何推动“大模型”向“大应用”来转变，正在成为关键的考验。AIGC 的破圈以及引发的关注，可以看到大模型商业化的潜力正在清晰化：一方面大模型企业可以根据 C 端用户实际“按需提供服务”和商业转化；另一方面带动对云计算、云存储的使用量上升。将 AIGC 从“尝鲜试试看”变成大众频繁使用的需求，再到与具体行业和领域深度结合，依托我国丰富的产业需求和应用场景，有望为大模型商业化和长期价值探索一条新路径。

8.1.2 对人们生活带来的变化——内容消费变革和职业发展新方向

1. 解放专业人士

AIGC 技术赋能的 Copilot 类型产品，可以将专业人士此前大量重复的工作自动化，例如撰写报告、生成方案、填写表格等，这将使得专业人士的工作效率大幅提升，同时也释放了更多时间和精力，用于更高层次的创造性工作，从而带来专业人士效率的指数级提升。这一点，在律师、医生、艺术家、作家、记者等群体表现得尤为突出。

2. 内容消费的变革

AIGC 技术能够通过深度学习、自然语言处理等技术，分析海量的数据，生成符合人类阅读的文章，为人们提供更加精准、全面的信息。通过 AIGC 技术的应用，能够更加精准地推荐适合个人兴趣和需求的产品和服务，例如商品、电影、音乐等，提高了个人的消费体验。

AIGC 技术也可以应用于文化娱乐产业，例如通过生成音乐、电影剧本等内容，可以提高内容生产的效率和质量，同时也为文化娱乐产业带来了更多的创新和想象空间。这一切都在改变大众的内容消费方式。

3. 技术红利释放新的个人机会

任何一次技术革命都会造就一批及时抓住技术红利的幸运儿，也会将一批陷入旧时代范式无法脱身的人群无情抛弃。但总体来说，只要以空杯心态去学习、掌握新技术新工具，都将在变革到来时，捕捉到属于自己的机会。

而以AIGC为代表的革命性产品，与以往技术革命产品的高技术门槛和高专业度不同。它们是普适的，主要表现为：低代码或无代码、对话生成式。而这无疑为最广泛的人群提供了平等的工具。作为一个个体，你只需要有独特的创意、有敏锐的视角，就有可能借助AIGC捕捉属于你的时代红利，建立你的商业模式。

8.2　AIGC发展面临哪些问题

随着人工智能技术发展步入快车道，AIGC因为其快速的反应能力、生动的知识输出、丰富的应用场景，在社会生产和生活的方方面面发挥着重要的作用。重点关注数据、算法的突破和商业模式的发展，与此同时，AIGC的关键技术、企业核心能力和相关的法律法规尚未完善，围绕公平、责任、安全的争议日益增多，引发了一系列需要解决的问题。

8.2.1　AI技术存在的固有缺陷

众所周知，AIGC本身是基于AI技术实现的。虽然ChatGPT可以生成富有表现力和连贯性的人类感觉到的文本，但是实际上，其背后起到支撑作用的人工智能技术存在着很多的技术缺陷和问题，这些问题是在人工智能的发展过程中必须要解决的。

首先，人工智能的算法和模型在训练和推理时需要处理大量的数据。虽然现代计算机的性能得到了巨大的提高，但是当数据规模达到亿级别时，算法和模型的效率仍然无法满足实际需求。例如，在自然语言处理领域，使用大规模预训练语言模型需要处理数万亿的语言单元，这需要昂贵的计算资源和存储设备，从而使得研究者和开发者在应用这些模型时面临着巨大的困难。大模型所需数据量较大，而现实世界缺乏大量且优质数据，因此数据获取也成为一大问题。此外，数据存储、传输，以及海量数据训练、读取和处理速度非常关键。但是，现有的计算和网络技术还无法满足 AIGC 应用的需求，导致 AIGC 在处理大规模数据时速度较慢，且难以应对复杂的场景。

其次，许多人工智能应用程序需要对时间和空间进行高效管理，以便能够快速和准确地推理和处理大量数据。在处理大量数据时，AIGC 需要进行大量的计算和存储，而这需要高性能的计算资源和高速的网络连接。例如，在自动驾驶领域，车辆需要快速处理传感器收集到的大量数据，以便能够做出即时的决策。但是，由于算法和模型的复杂性，这些应用程序往往需要庞大的计算资源和存储设备才能实现高效的运行，这将使得这些应用程序的开发成本和维护成本非常高昂。

再者，技术成本（前期训练成本、数据成本、人才成本，后期使用的推理成本），与带来的增量或给企业实现降本增效相比，还不足以驱动企业投入 AI。

此外，人工智能的应用场景非常广泛，但是每个应用场景都有其自身的特点和需求。由于 AIGC 的智能决策具有不确定性和不可解释性，其对于人类的意愿和价值观的理解和反映可能不够准确。在一些重要的应用领域，例如，在医疗诊断领域，人工智能需要能够处理复杂的医疗图像和数据，并能够快速准确地诊断疾病。然而，当前的人工智能技术还无法满足所有这些不同应用场景的需求，这导致在不同领域的开发者需要进行大量的自定义和调整，以便将人工智能技术应用到他们的具体场景中。人工智能算法存在固有缺陷。人工智能算法在透明度、可靠性、偏见与歧视方面存在的尚未克服的技术局限，导致算法应用问题重重。AIGC 技术尚处于发展初期，还存在一些技术上的固有缺陷，算法容易受到数据、模型、训练方法等的因素干扰。比如处理大量数据时的计算速度、模型训练和优化的效率、模型解释能力的局限性等。这些问题会对 AIGC 应用的性能和可靠性产生负面影响。

最后，人工智能技术的发展还需要面对很多的风险和挑战。例如，人工智能在处理复杂的问题时往往需要模拟人类的思维和决策过程，但是，人类的思维在机器上面想要完全得到实现是一件极其复杂的事情，需要不断地学习和大量的数据支撑。

除此之外，AIGC 技术本身的局限性也导致了其在实际应用中存在一定的问题。例如，AIGC 模型在训练时需要大量的数据和计算资源，并且需要针对特定任务进行设计和调整。这些限制使得 AIGC 难以适用于那些数据量不足、计算资源受限，或者任务涉及多种不同领域知识的场景。此外，由于 AIGC 模型的可解释性较差，其在决策过程中可能会存在不确定性和错误，导致应用场景受限。由于 AIGC 的算法和模型基于大量的数据训练，因此需要处理海量的个人数据，这就涉及数据隐私和安全问题。个人数据可能包含大量的敏感信息，例如个人身份信息、财务信息、医疗信息等。如果这些数据被不良分子获取，将会造成极大的损失和危害。因此，保护数据安全和隐私成为 AIGC 应用发展过程中需要优先考虑的问题。价值观、伦理、政治风险等：从技术层面让 AI 更可控，不要发展得那么快。

虽然现在 AIGC 的关键技术尚不完全成熟，但对于技术固有缺陷所带来的问题，我们可以通过技术研发和创新来解决。例如，通过构建更加高效的 AIGC 算法和模型来提高训练效率和应用性能；利用增强学习等技术来提高 AIGC 模型的可解释性和决策效果。此外，加强 AIGC 技术与其他领域的融合，例如物联网、区块链等，也有助于克服 AIGC 技术本身的局限性，从而推动 AIGC 技术的发展和应用。

8.2.2 生成作品在语义理解上的不完善

AIGC 可以生成许多优秀的作品，例如音乐、绘画和小说等。目前的 AIGC 技术在生成自然语言文本、图像等方面已经取得了不少进展，但是在语义理解方面仍然存在困难。AIGC 往往只能根据已有的数据和规则进行学习和推理，无法真正理解语言背后的含义和情感，这会导致在处理复杂语言任务时出现错误和偏差。比如，在语言生成方面，人工智能可以生成一些表面上看起来很自然的文本，但是在语义理解方面存在一些问题。然而，这些生成的作品在语义理解上还存在着一些不完善的地方。例如，生成的小说可能存在情节上的不连贯或者人物行为上的不合理等问题。这些问题的存在限制了

AIGC 在创造力和创造性方面的发展。AIGC 可能会生成一些虚假或者不合理的信息，因为它并不真正理解语言的含义和语境。这对于一些需要精确和可靠的信息的场景，比如医疗、法律、金融等领域，会产生一定的风险和隐患。所以人工智能技术加持的内容编辑与创作技术仍然受短板制约，导致产业发展存在技术门槛。

在文本生成方面，ChatGPT 可以自动生成新闻、故事、诗歌等各种文本形式，其生成的文本质量已经接近人类水平。这是一个很大的突破，但其在自然语言理解技术上也会存在瓶颈，如果只简单套用模板生成机械化的填充，导致文本结构雷同、千篇一律，而且难以真正产出感情的、拟人的表达，背离用户对于文本合成产品的易读化、质感化的期待。若想要接近需求，则需要使用者精确地描述想要问题内容，并且进行多次对话，反复调整、引导、练习 AI 的生成方式。

在语音合成方面，目前语音方面识别要求高、表达不够流畅、情感表达较弱、声音的机械感较强等问题还是很突出。语音的情感嵌入也需要大量的数据量进行支持训练，并且对于建模的要求也是非常高的，由此，导致使用的复杂度提升，也使得相应的成本难以控制。

在视觉合成方面，视觉合成需要大量的模型组件模型库，且在技术上也要求。目前最大问题在于如何精准控制模型，机器在对于精准度、仿真度等问题上还存在一些差异，所以需要企业自身主动训练模型，以达到想要呈现的效果。由于整体图片生成质量不稳定，难以进行商用，但由于 AIGC 识别图像精度有限而存在一定的问题，只能对图片内容进行部分编辑，例如美图秀秀等。现有的应用场景主要包括视频剪辑、人脸替换以及背景替换等，因其原理和文本、图片相似，问题也一脉相承。例如比较经典的“名画”：输入的画面描述是“三文鱼逆流而上”，人工智能很难画出一条完整的三文鱼在游泳，取而代之的则是输出“鱼片游泳”的景象（如图 8-2 所示）。

图 8-2　AI 智能生成三文鱼洄游

另外，由于 AIGC 生成的作品可能会被用于商业目的，因此产生了知识产权等方面的问题。例如，谁拥有 AIGC 生成的音乐的版权，以及应该如何分配收益等问题都需要进一步探讨和解决。现在的 AIGC 仍处于早期摸索期，发展的有限程度导致了目前应用场景的有限。也许未来技术的突破，能够不断扩展 AIGC 的应用场景，但短期内各企业能做的，只是优化模型，从而提高其与应用场景的适配度。

8.2.3　实现 AIGC 应用的成本高昂

实现 AIGC 应用的成本高昂：AIGC 的应用需要大量的数据和计

算资源，这使得其实现和应用的成本非常高昂。另外，由于缺乏标准化和规范化的技术和平台，开发和部署 AIGC 应用也存在较大的难度和复杂性。比如，开发和部署一个 AIGC 应用需要大量的数据和计算资源，这意味着需要投入巨额的资金和人力。另外，由于 AIGC 技术本身还处于发展初期，因此缺乏成熟的技术和平台，这使得 AIGC 应用的成本较高，限制了它的应用范围和普及度。开发 AIGC 应用需要大量的数据和计算资源。对于一些较小的公司或个人开发者来说，他们可能无法承担这样的成本。这会导致市场上出现了大量的垄断现象，只有少数大型公司能够承担开发 AIGC 应用的成本，从而在市场上占据优势地位。

数据收集和清洗成本高：要训练一个强大的 AIGC 系统，需要大量的数据进行训练和测试。这些数据需要各种来源，包括传感器、设备、用户行为等等。但是，这些数据往往需要进行收集、清洗和标注，这是一项费时费力的工作，需要大量的人工劳动。此外，这些数据可能涉及个人隐私，必须遵守隐私保护法规，这也增加了成本。并且由于 AIGC 生成内容具有不稳定性，内容质量参差不齐，无法形成统一的质量标准，一定程度上限制了用户规模的扩张，也限制了 AIGC 企业的赚钱能力的提升。

硬件和基础设施成本高：AIGC 需要强大的计算能力和存储能力来处理大量的数据和模型。因此，需要购买大量的服务器、GPU 和其他专用硬件，这是一项昂贵的投资。此外，还需要专业的技术人员来维护这些设备和基础设施。由于技术的快速发展和不断地更新，AIGC 应用需要不断地进行升级和维护，以确保其在市场上的竞争力和实用性。这会增加企业和开发者的负担，使他们更难以承受这样的成本。

人才成本高：要构建和维护 AIGC 系统需要高水平的技术人才。这些人才通常需要有广泛的技术背景，包括计算机科学、数据科学、统计学、机器学习和人工智能等领域。这些人才的需求量大，供应量相对较少，导致了他们的薪资水平相对较高但可胜任的人才相对较少。

市场营销和推广成本高：AIGC 技术虽然具有巨大的潜力，但是仍然需要大量的市场营销和推广。较高的前期投入，要求 AIGC 企业用户规模的迅速扩张。因为只有行业用户规模达到一定体量，才能够摊平成本，扭亏为盈。由于 AIGC 应用的安全性和可靠性对于一些领域的应用非常关键，因此在 AIGC 应用的开发和部署过程中需要进行严格的安全和可靠性测试。这也会增加企业和开发者的成本，并且需要花费大量的时间和资源来确保 AIGC 应用的安全和可靠性。这需要大量的人力和资源，包括市场研究、品牌推广、社交媒体宣传等。这些成本也需要考虑进去。很多公司战略以完善技术水平、考察消费者需求为主，大部分技术没有完善到足以实际运用到生产之中，而小部分相对成熟的应用，也为了吸引顾客，而处在免费试用的阶段。这就意味着，AIGC 技术本身缺乏变现能力。

总之，尽管 AIGC 应用在许多领域都有广泛的应用前景，但其高昂的成本也是一个不容忽视的问题。只有通过不断的技术创新和降低开发和部署的成本，才能让更多的人才从事 AIGC 应用的开发和创新，并为社会带来更多的价值。

8.2.4　法律及市场监管尚不完善

随着 AIGC 应用的不断发展和普及，涉及 AIGC 的法律和市场监管也需要不断完善。例如，如何处理 AIGC 算法的隐私和安全问题，如何保证 AIGC 应用的公正性和透明度等问题，再比如，在一些行业和领域中，AIGC 可能会对人类的工作和生产力产生一定的替代作用，从而带来一些就业和社会问题。另外，由于 AIGC 技术的复杂性和不可预测性，也会对一些法律和道德问题产生一定的挑战。例如，如何确定 AIGC 算法的责任和权利，如何保护 AIGC 应用的隐私和安全等问题，都需要进一步研究和探讨。

关于 AIGC 相关的法律及市场监管问题，是当前亟待解决的重要问题。目前，AI 技术的发展速度逐渐超过了法律法规的制定和完善速度，导致相关的法律及市场监管尚不完善，这对 AIGC 的发展带来了很多挑战和困难。

首先，由于 AIGC 技术的发展和应用涉及隐私和安全等敏感领域，所以需要完善相关的法律法规来规范和保护用户的权益。例如，在人工智能算法对个人数据进行处理时，需要保证数据的安全性、隐私性和保密性，需要制定相关的法规来规范 AI 公司在数据处理时的行为。

其次，目前 AI 算法的可解释性较低，也就是说，AI 算法无法像人类一样清晰地解释其决策过程，导致人们难以判断其是否存在歧视等问题。为了保障 AI 算法的公正性和透明度，需要制定相关的法规来规范 AI 算法的透明度和公正性，从而减少歧视和不公平的情况发生。

当下，对于 AIGC 技术的法律监管还处于初级阶段，尚未形成明确的法律法规，相关行业标准也需要进一步完善。同时，市场监管也存在一定的难度，特别是针对一些使用 AIGC 技术创作的作品，是否侵犯了他人的知识产权，是否存在道德风险等问题，都需要进一步探讨和规范。对于 AIGC 算法的知识产权保护，目前也存在一些问题。由于 AIGC 算法的产生需要投入大量的研发成本，而且涉及知识产权等法律问题，因此需要加强知识产权保护和相关的法律监管，以保护 AIGC 公司的权益。以智能写作为例，目前国内法律尚未明确规定其使用和产权归属等问题，这给予盗版、抄袭等行为以可乘之机。此外，在智能写作中，也存在一些可能涉及隐私泄露等方面的风险。例如，智能写作平台往往需要用户输入一定量的个人信息，而这些信息的使用和保护是否合规，也需要进一步加强监管。

在市场监管方面，随着 AIGC 技术的不断发展，一些低质量、低水平的 AIGC 作品开始出现。由于 AIGC 技术的特殊性，这些作品可能会通过刻意选择关键词、大量复制粘贴等方式，欺骗搜索引擎和用户，获得不当的曝光和收益。这些作品的存在会对整个 AIGC 市场产生负面影响，因此对其进行有效监管势在必行。由于 AIGC 技术的发展涉及很多行业和领域，需要加强对 AIGC 技术的市场监管，从而保障人工智能的安全和可靠性。例如，在医疗领域中，人工智能技术的应用需要满足相应的法律法规和安全标准，才能够得到批准和使用。

总之，由于 AIGC 技术的发展涉及众多的法律、道德和伦理等方面的问题，因此需要加强相关的法律法规的制定和完善，从而保障人工智能技术的安全和可靠性，保障人工智能的公正性和透明度，防止出现歧视等问题的发生。目前 AIGC 技术的法律和市场监管还有待完善，相关的规范和标准也需要不断优化和完善，这样才能更好地推动 AIGC 技术的健康发展。

8.3　发展大势不可逆的 AIGC

8.3.1　AIGC 的发展趋势

AIGC 的发展趋势将会是更加普及化、专业化和个性化。具体而言，随着 AIGC 技术的不断发展和完善，将会有越来越多的企业、组织和个人开始使用 AIGC 技术来实现自己的业务目标。

普及化是指 AIGC 技术将会逐渐被更多人所使用，不仅仅是那些技术专业人士。随着 AIGC 技术的进一步成熟和普及，越来越多的普通人将能够使用 AIGC 技术来解决生活和工作中的问题。例如，未来的智能家居系统可能会集成 AIGC 技术，能够帮助用户更加智能地控制家中的设备和系统。

专业化是指 AIGC 技术将会逐渐被更多的行业和领域所应用。不同的行业和领域有不同的需求和问题，因此需要定制化的 AIGC 解决方案。例如，在医疗领域，人工智能技术已经应用于医学影像分析、智能辅助手术、病历管理等方面，能够提高医疗效率和诊断准确性。在金融领域，金融风控、智能投顾等方面的应用也正在逐渐增加；制造业领域中，人工智能技术已经应用于工厂自动化、机器人控制等领域，提高了制造效率和质量。在未来应用领域也将会进一步扩展，比如在教育领域，AIGC 技术可以应用于个性化学习、智能化考试等方面；在智慧城市建设中，AIGC 技术可以应用于交通管理、智慧环保等方面；在零售行业中，AIGC 技术可以应用于精准营销、智能客服等方面。

个性化是指 AIGC 技术将会逐渐向个性化方向发展。个性化是指 AIGC 技术能够根据用户的个性化需求和偏好进行智能化的定制和交互。例如，智能音箱可以根据用户的音乐喜好和搜索历史推荐个性化的音乐列表，提供更加个性化的服务。

总之，随着 AIGC 技术的不断发展，它将会在越来越多的领域得到应用，并且为人们带来更加智能化、高效化、个性化的服务。

8.3.2 我们应该如何应对 AIGC 带来的变化

随着 AIGC 的发展，许多传统职业和工作将会消失，同时会涌现出许多新的职业和工作。为了适应这种变化，我们需要改变教育的方式和内容，从传统的知识教育向技能教育转变。学校应该注重培养学生的创造力、解决问题的能力和合作精神，使他们具备适应未来社会的能力。

同时，我们也需要加强对 AIGC 的教育和普及，让人们了解 AIGC 的基本概念、应用领域、优缺点以及可能带来的影响，这样人们才能更好地应对 AIGC 带来的变化。

在 AIGC 的影响下，未来的职业生涯将变得更加多样化和灵活。人们需要不断学习和适应新技术，发展新的技能和知识。因此，职业生涯规划变得尤为重要。每个人都需要了解自己的优势和弱点，并制定相应的职业生涯规划。他们需要不断培养自己的兴趣和创新能力，并根据市场需求进行调整和更新。

AIGC 的发展提出了许多必须解决的道德和治理问题。必须确保用于训练人工智能系统的数据集是多样的，并具有社会代表性。此外，必须制定道德准则，防止开发危害社会或不公平歧视某些群体的人工智能系统。

政府在应对 AIGC 带来的变化方面起着重要的作用。政府需要制定相应的政策和法规来保护公众的利益和安全，同时鼓励和支持创新和发展。政府还需要投资于相关的研究和开发，以推动技术的进步和应用。

公众的参与也是应对 AIGC 带来的变化的重要因素。公众需要了解 AIGC 的基本概念、应用领域和潜在风险，以及如何适应和利用新技术协作。最后，协作是管理 AIGC 带来的变化的关键。政府、行业领袖和民间社会组织必须共同制定政策和法规，以确保负责任地开发和使用人工智能。此外，学术界和行业之间的伙伴关系有助于确保人工智能研究基于社会和道德考虑。

在使用 AIGC 的过程中，我们不仅需要技术支持，更需要人才支持。因此，我们应该重视 AIGC 技能的培养，提高人才的素质和技能水平，为实现 AIGC 技术应用和产业发展提供人才保障。

总之，AIGC 是一种变革性技术，有可能彻底改变我们的生活和工作方式。然而，其开发和使用必须以道德和以人为中心的原则为指导，我们必须在识别和解决与其开发相关的潜在风险方面保持警惕。通过共同努力，我们可以确保 AIGC 是一支向善的力量，并为所有人创造一个繁荣和公平的未来。

参 考 文 献

[1] 吴恩达．深度学习［M］．北京：人民邮电出版社，2017.

[2] 肖宏，严明，王德峰．人工智能+金融：时代机遇与挑战［J］．经济研究导刊，2017（22）：51-54.

[3] 余志勇，黄永明，丁志荣．人工智能的应用及风险评估［J］．软件，2018，39（7）：1-6.

[4] OECD. The AI Principles.［EB/OL］．（2019-05-22）［2023-07-21］．https://one. oecd. org/document/DAF/COMP/WD（2019）17/en/pdf.

[5] Future of Life Institute. Asilomar AI Principles.［EB/OL］．（2017-01-01）［2023-07-21］．https://futureoflife. org/ai-principles/.

[6] 刘阳，徐学飞．人工智能技术应用与监管政策［J］．中国软科学，2017（10）：63-72.

[7] 李飞飞．深度学习［M］．北京：电子工业出版社，2018.

[8] 郑永鹤．人工智能大数据与未来教育［J］．现代教育技术，2017（5）：12-15.

[9] 肖永涛，肖宏，蔡玲娜．区块链+人工智能：技术与应用［J］．中国信息安全，2018（2）：27-31.

[10] 腾讯研究院．腾讯研究院 AIGC 发展趋势报告 2023：迎接人工智能的下一个时代［EB/OL］．（2023-02-16）［2023-07-21］．https://docs. qq. com/pdf/DSkJweFlIdEFMQ2pT？u=c0ab7babbf1c42d6a03a343332181d12.